JN017535

第3級ハム国試

要点マスター

要点丸暗記で一発合格

CQ出版社

第3級ハム国試 要点マスター

CONTENTS

●表紙デザイン：近藤企画

本書の特徴と使い方

第3級ハム国試 要点マスターは、平成20年度以降に出題された問題を各分野ごとにまとめた『問題集』の部分と、『参考書』の部分の二つに大きく分かれています。この本を利用される方は、問題集の部分を最初にチャレンジし、わからない部分を参考書にあたって理解するという方法と、逆に参考書を最初に勉強されて、それから問題集にチャレンジするという二つの方法があります。

問題集の部分から勉強される方のために、答を得るためのヒントが記載された参考書のページを問題の後に記入してありますから、計算問題などの答の導き方がわからないような場合にご覧ください。なお、★の数が多いほど良く出題される問題ですので、完全にマスターしてください。

国家試験は4肢択一式ですから、答は必ずこの四つの選択肢の中にあるわけです。合格の秘訣は、その問題の中にある答のヒントを見つけだして、それを答にいかに結びつけるかにかかってきます。このヒントを見つけだす方法を覚えてしまえば、問題と答を丸暗記することなく、能率よく勉強が進むというわけです。

本書では、その答のヒントとなる部分を太字で示してあります。この太字で示したヒントと、答を結びつけるように覚えてください。結びつけるためのキーワードは、参考書の部分にも紹介してありますから、これをしっかり覚えてしまいましょう。

本書の利用上の注意

(1) アマチュア無線技士の国家試験は資格試験ですから定められた合格基準に達すればどなたでも何人でも合格することができます。

(2) 国家試験の問題は、出題期によって次のように変更されて出題されることがありますから、答となる選択肢の内容をしっかり覚えるようにしてください。

① 計算問題で、題意の数値を変更した問題。

② 答えとなる選択肢が同じで、他の選択肢の内容の全部または一部が異なる問題。

③ 選択肢が同じで順番が入れ替わった問題。

(3) 本書を利用される場合、普通の参考書の場合は最初から順に勉強してゆくケースが多いと思いますが、最初から読み進めると、なかなか後半まで行き着けません。そこで、勉強を始めるとき、本を無造作にパッとめくって、その開いた部分からその日の勉強を始めるというのも一つの手です。

第3級アマチュア無線技士の試験案内

(1) アマチュア無線を楽しむには、まずアマチュア無線技士の免許を取らなければいけません。アマチュア無線技士の資格には、第1級から第4級までの4つの資格があります。そのうち、第3級アマチュア無線技士(3アマ)は第1、2級の上級ハムと第4級の初級ハムとの中間に位置し、空中線電力も50Wまで許可されるほか、18MHz帯やCW含めすべてのモードの運用ができるので4アマに比べると運用の幅が大きく広がります。この機会に本書を利用してぜひ3アマにチャレンジし、無事合格されることをお祈りします。

(2) 3アマの資格取得は公益財団法人日本無線協会が実施する国家試験に合格するか、一般財団法人日本アマチュア無線振興会(JARD)が実施している養成課程講習会を受講して修了試験に合格するかの二つの方法があります。本書は、国家試験合格を目標に編集しました。

(3) 第三級アマチュア無線技士(3アマ)国家試験はすべて本書に掲載されている既出問題から出題され、レベルは4アマと同等ですが既出問題の全体数は4アマより少なく、その分国際法規やモールス符号の理解度の学習に充てられるので、4アマよりも比較的合格しやすい試験です。

(4) 試験科目と合格点

3アマの国家試験の試験科目と内容は次のとおりです。

1. 無線工学

① 無線設備の理論、構造及び機能の初歩

② 空中線系等の理論、構造及び機能の初歩

③ 無線設備及び空中線系等のための測定機器の理論、構造及び機能の初歩

④ 無線設備及び空中線系並びに無線設備及び空中線系等のための測定機器の保守及び運用の初歩

2. 法規

① 電波法及びこれに基づく命令の簡略な概要

② 国際電気通信連合憲章、通信条約及び無線通信規則の簡略な概要

無線工学、法規の科目の出題範囲とその出題数は表1のとおりです。

表1　3アマの国家試験の試験科目と内容

(1) 無線工学		(2) 法規	
出　題　範　囲	問題数	出　題　範　囲	問題数
基礎知識	1	法の目的・用語の定義	1
電子回路	2	無線局の免許等	2
送信機	2	無線従事者	1
受信機	2	運　　用	5
電波障害	2	監　　督	2
電源	1	業務書類	1
空中線・給電線	1	憲章・条約・無線通信規則	2
電波伝搬	2	モールス符号	2
無線測定	1		
合　計	14問	合 計	16問

(5) 出題形式はCBT方式四肢択一式30問で試験時間は70分(1時間10分)です。出題数は、無線工学14問(満点70点)、法規16問(満点80点)で、無線工学、法規とも上記出題範囲の中から受験者ごとランダムに問題が出題されます。

なお、法規の16問中、2問がモールス符号の理解度を確認する問題で、そのほか運用の分野の問題文または選択肢中に無線電信通信の略符号を使用する場合で、その部分をモールス符号で表記した問題が1問出題されます。これらは欧文文字(A ~ Z)、数字(1 ~ 0)、記号の組み合わせで、記号は問符(?)以外は出題されません。

(6) 配点は無線工学・法規とも1問5点で合格基準は、無線工学の場合14問中9問以上、法規の場合16問中11問以上正解すれば合格になります。

3アマのモールスの実技試験廃止(H17.10.1)以後は法規試験の中にモールス符号の知識を問う問題が含まれるようになったため、モールス符号が苦手の方は、他の問題で得点を稼いで合計11問以上正解すればよいわけです。

国家試験の施行状況

表2は過去6年間の第三級アマチュア無線技士国家試験の年度別の申請者数、棄権者数、受験者数、合格者数および合格率です。

国家試験の受付期間、試験日時、試験地

3アマの国家試験は、CBT(Computer Based Testing)方式

表2　最近の3アマ国家試験の合格率等

年度	申請者数	棄権者数	受験者数	合格者数	合格率%
H30年度	2,116	166	1,950	1,536	78.8
R1年度	2,173	177	1,996	1,600	80.2
R2年度	1,793	488	1,305	1,061	81.3
R3年度	2,322	224	2,098	1,701	81.1
R4年度	2,429	160	2,269	1,873	88.8

総務省統計

で試験が実施されます。現在、CBT方式試験の対象資格は、2陸特、3陸特、2海特、3海特、3アマ、4アマ、の6資格です。

CBT方式試験は、コンピュータを使った試験方式のことで、国家試験は随時受付がなされ試験が実施されるので、年間を通じ土日含み好きな日時に申し込んで、申込の日から14日以降の日に全国の共通試験会場となるテストセンター*で受験することができます。また、不合格になっても随時何度でも再受験が可能です。

*全国のテストセンターの一覧表は下記から確認できます。
https://cbt-s.com/examinee/testcenter/?type=cbt

国家試験の受験手続の方法

CBT方式の試験は(公財)日本無線協会が㈱CBTソリューションズに委託して実施するもので、受験案内や受験申し込みは、インターネットから下記のサイトの同社のホームページ(CBT試験受験者ポータルサイト)にアクセスし行います(スマートホンからの申し込みも可能)。

なお、身体に障がいがあるなどでCBT方式の試験の受験が困難な場合には(公財)日本無線協会に問い合わせてください。

表3に日本無線協会の事務所の名称、所在地、電話番号を示します。

- 国家試験の受験案内
  https://cbt-s.com/examinee/examination/nichimu
- 国家試験の申込方法・受験の流れ
  https://cbt-s.com/examinee/examination/nichimu

初めてCBT方式の受験をする場合は、上記国家試験の申込方法のサイトにアクセスし、ユーザIDとパスワードを取得してマイアカウントを作成します。そして予め試験場の空き具合を確認してからマイアカウントにログインして希望の受験資格、申込条件、住所、氏名、生年月日、電子メールアドレス、希望試験日、会場、時間、郵送物の送付宛先などのデータを入力します。そして、顔写真の電子登録を行い、受験料を支払って受験手続きを完了させます。顔写真の規格は、次のサイトを参照してください。

https://www.nichimu.or.jp/vc-files/kshiken/pdf/photomihon.pdf

3アマの受験料は、5,400円で、クレジットカード、コンビニエンスストア、Pay-easyのいずれかで支払います。

受験手続が完了すると確認メールにて試験日程・試験会場のご案内、および注意事項を明記されてきますので、必ずご確認してください。

表3　日本無線協会の事務所の名称、所在地および電話番号

事務所の名称	事務所の所在地
(公財)日本無線協会 本　　部	〒104-0053　東京都中央区晴海3-3-3 江間忠ビル 03-3533-6022
(公財)日本無線協会 信越支部	〒380-0836　長野市南県町693-4 共栄火災ビル 026-234-1377
(公財)日本無線協会 東海支部	〒461-0011　名古屋市東区白壁3-12-13 中産連ビル新館6階 052-908-2589
(公財)日本無線協会 北陸支部	〒920-0919　金沢市南町4-55 WAKITA金沢ビル 076-222-7121
(公財)日本無線協会 近畿支部	〒540-0012　大阪市中央区谷町1-3-5 アンフィニィ・天満橋ビル 06-6942-0420
(公財)日本無線協会 中国支部	〒730-0004　広島市中区東白島町20-8 川端ビル 082-227-5253
(公財)日本無線協会 四国支部	〒790-0003　松山市三番町7-13-13 ミツネビルディング203号 089-946-4431
(公財)日本無線協会 九州支部	〒860-8524　熊本市中央区辛島町6-7 いちご熊本ビル 096-356-7902
(公財)日本無線協会 東北支部	〒980-0014　仙台市青葉区本町3-2-26 コンヤスビル　022-265-0575
(公財)日本無線協会 北海道支部	〒060-0002　札幌市中央区北2条西2-26 道特会館4F　011-271-6060
(公財)日本無線協会 沖縄支部	〒900-0027　那覇市山下町18-26 山下市街地住宅　098-840-1816

なお、受験票の発送はありませんので、試験当日は、筆記用具と本人確認書類(運転免許証、パスポート、マイナンバーカード等顔写真付きのものを持参します。本人確認書類がないと受験できない場合があります。

試験当日の注意

1．遅刻しないこと

試験場までの所要時間は、交通混雑や乗り換えなどで予想以上に時間がかかる場合があります。試験日当日の会場は試験開始30～5分前から入場可能となりますので、遅れることがないよう余裕をもって出掛けましょう。

2．持ち物

試験場に到着したら本人確認書類の提示をし、受付担当者より「受験ログイン情報シート」を受け取ります。この際、登録した顔写真との照合が行われます。携帯電話や上着などの手荷物全てを指定のロッカーに預けます。

3．試験の流れ

試験中に利用できる筆記用具とメモ用紙を受け取り試験室に入室後、「受験ログイン情報シート」に記載されているIDとパスワードを入力してログイン後テストマシン上で、試験科目を確認したら試験の開始です。なお、試験が開始されたら途中退席はできません(退席した時点で試験終了となりますので、トイレなどは入場前まで済ませておきましょう)。試験は、画面に表示された各問題の正答肢をクリックして解答していきます。全問解答した後、解答の番号に誤りがないか確認します。良ければ終了ボタンを押すと試験は終了し、退室することができます。

試験終了後に試験問題のメモや計算メモ類は回収されますので、持ち帰ることはできません。なお試験終了後、自動計算された合計スコア点数が表示されプリントアウトもできます(各科目ごとの点数は表示されません)。

4. 試験日程の変更やキャンセル

受験日や会場の変更、試験のキャンセルはマイページから試験の3日前まで可能ですが、入金後の試験のキャンセルは手数料がかかります。詳細は、前記の申込方法・受験の流れサイト(p.10)で確認してください。

試験の申込方法や試験当日の問い合わせは下記受験サポートセンターへ問い合わせてください。

TEL 03-5209-0553(09:30～17:30年末年始を除く)

試験内容についての問い合わせは下記日本無線協会へ問い合わせてください。

(公財) 日本無線協会　試験部　TEL 03-3533-6022

https://www.nichimu.or.jp

5. 試験結果について

試験終了後、前述のように合計スコア点数が表示されプリントアウトもできますが、正式な合否の試験結果通知書は、試験終了後おおむね1カ月後に受験者へメールで通知されますので、サイトにアクセスしてCBT試験受付番号を入力し試験結果通知書(PDF)をダウンロードして確認してください。受験日から1カ月経っても電子メールが届かない場合は、

日本無線協会　試験部（TEL 03-3533-6022）へ問い合わせてください。

無線従事者免許証の交付申請

試験に合格したらすみやかに住所地を管轄する総務省の地方総合通信局へ無線従事者免許の申請を行いましょう。その際、試験結果通知書に記載された受験番号が必要ですので確認しておきましょう。免許申請には、1,750円の収入印紙を貼った申請書、切手を貼った返信用封筒（簡易書留）、住民票の写しが必要ですが、手続きの詳細、問い合わせは所轄の総合通信局または、下記総務省のHPを参照してください。

https://www.tele.soumu.go.jp/j/download/radioope/

本書を利用して3アマに無事合格されることを祈念します。

第 1 章

無線工学の問題集

◎ この問題集は、問題の答となる選択肢をページ下に表示しています。実際のCBT方式の試験では、コンピュータの画面に表示される選択肢の番号をクリックして解答します。

◎ 問題の「☞　○○○ページ参照」は、答を得るためのヒントや計算問題の答の導き方などが記載されている第3章(無線工学の参考書)の該当するページを示しています。

◎ 出題頻度の項は、★の数が多いほど良く出題される問題です。★の数が多い問題は完全にマスターしてください。

◎ 模擬問題について：国家試験がCBT方式になり、出題問題を持ち帰れなくなったために新問題などの掲載ができなくなりました。この対策として2024年度版から受験者の皆様からお寄せいただいた出題問題の情報を検討し、推察した模擬問題を作成して掲載しています。模擬問題は 模擬1 のように表示しています。

基礎知識

問 1　次の記述の［　　］内に入れるべき字句の組合せで、正しいのはどれか。

図に示すように、**プラスに帯電している物体 a**に、帯電していない導体 b を近づけると、導体 b において、**物体 a に近い側**には［ A ］の電荷が生じ、**物体 a に遠い側**には［ B ］の電荷が生じる。この現象を［ C ］という。

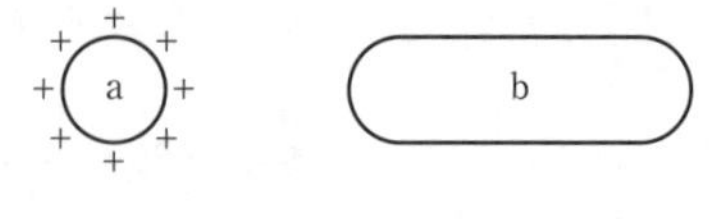

	A	B	C
1.	マイナス	マイナス	電磁誘導
2.	マイナス	プラス	静電誘導
3.	プラス	マイナス	静電誘導
4.	プラス	プラス	電磁誘導

出題頻度：★☆☆☆☆　☞ 148ページ参照

問 2　図に示す回路において、静電容量8〔μF〕のコンデンサに蓄えられている**電荷が**2×10^{-5}〔C〕であるとき、静電容量2〔μF〕のコンデンサに蓄えられる**電荷の値**として、正しいのは次のうちどれか。

1. 5×10^{-6}〔C〕
2. 6×10^{-6}〔C〕
3. 7×10^{-5}〔C〕

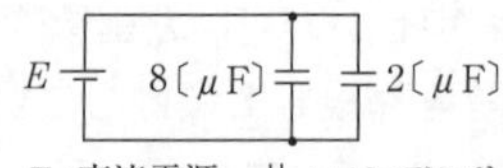

E：直流電源　⊣⊢：コンデンサ

【答】問 1：2，問 2：1

4. 8×10^{-5}〔C〕

出題頻度：★☆☆☆☆ ☞ 149ページ参照

問3 次の記述の［　　］内に入れるべき字句の組合せで、正しいのはどれか。

鉄片を磁石に近づけると、鉄片の**N極に近い端が**［ A ］に、**遠い端が**［ B ］になって、磁石は鉄片を［ C ］する。このような現象を磁気誘導という。

	A	B	C
1.	S極	N極	吸引
2.	S極	N極	反発
3.	N極	S極	吸引
4.	N極	S極	反発

S　磁石　N　←　鉄片

出題頻度：★☆☆☆☆ ☞ 150ページ参照

問4 次の記述の［　　］内に入れるべき字句の組合せで、正しいのはどれか。

磁気誘導を生じる物質を磁性体といい、**鉄、ニッケル**などの物質は［ A ］という。また、加えた磁界と反対の方向にわずかに磁化される**銅、銀**などは［ B ］という。

	A	B
1.	強磁性体	反磁性体
2.	強磁性体	常磁性体
3.	非磁性体	反磁性体
4.	非磁性体	常磁性体

出題頻度：★☆☆☆☆ ☞ 150ページ参照

問5 図に示すように、2本の軟鉄棒（AとB）に**互いに逆向きとなるようにコイルを巻き**、2個が直線状になるように置いてスイッチSを閉じると、AとBはどのようになるか。

【答】問3：1，問4：1

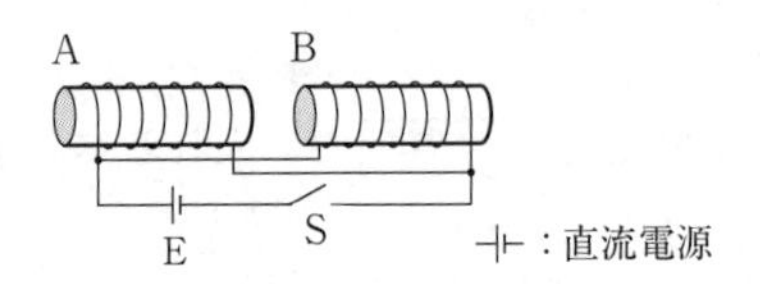

1. 変化がない。
2. 引き付け合ったり離れたりする。
3. 互いに引き付け合う。
4. 互いに離れる。

出題頻度：★☆☆☆☆ ☞ **151ページ参照**

問6 図に示す回路において、**端子 ab 間の電圧**は、幾らになるか。

1. 12〔V〕
2. 20〔V〕
3. 30〔V〕
4. 48〔V〕

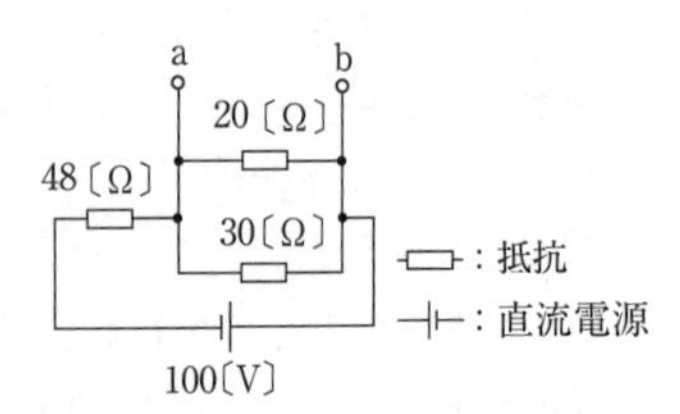

出題頻度：★☆☆☆☆ ☞ **152ページ参照**

問7 **1〔A〕**の電流を流すと**10〔W〕**の電力を消費する抵抗器がある。これに**50〔V〕**の電圧を加えたら何ワットの電力を消費するか。

＊2〔A〕、10〔W〕、50〔V〕という設問もある。

1. 50〔W〕
2. 125〔W〕
3. 250〔W〕
4. 500〔W〕

出題頻度：★☆☆☆☆ ☞ **154ページ参照**

 【答】問5：4，問6：2，問7：3

問 8　図に示す回路において、コンデンサCのリアクタンスの値として、最も近いものは次のうちどれか。

＊50〔Hz〕、C：160〔μF〕という設問もある.

1. 90〔Ω〕
2. 70〔Ω〕
3. 36〔Ω〕
4. 18〔Ω〕

60〔Hz〕　C 150〔μF〕

交流電源　コンデンサ

出題頻度：★★☆☆☆　☞ 155ページ参照

問 9　**コイルの電気的性質で、誤っているのは次のうちどれか。**

1. 電流が変化すると逆起電力が生ずる。
2. 周波数が高くなるほど交流は流れにくい。
3. 電流を流すと磁界が生ずる。
4. 交流を流したとき、電流の位相は加えた電圧の位相より進む。

出題頻度：★☆☆☆☆　☞ 157ページ参照

問 10　図に示す回路において、コイルの**リアクタンス**の値で、最も近いのは、次のうちどれか。

1. 9.42〔kΩ〕
2. 7.32〔kΩ〕
3. 6.28〔kΩ〕
4. 3.14〔kΩ〕

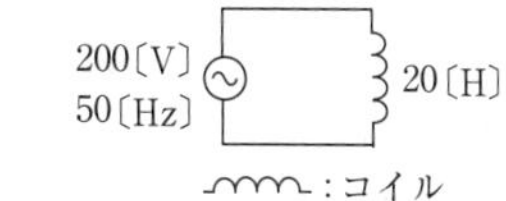

出題頻度：★☆☆☆☆　☞ 158ページ参照

問 11　LC 直列共振回路において、コイルのインダクタンスLを一定にして、コンデンサの**静電容量を** $\frac{1}{4}$ にすると、

【答】問 8：4，問 9：4，問 10：3

共振周波数は元の周波数の何倍になるか。

1. $\frac{1}{4}$ 倍　　　2. $\frac{1}{2}$ 倍

3. 2 倍　　　4. 4 倍

出題頻度：★☆☆☆☆　☞ 160ページ参照

問 12　図に示す並列共振回路において、インピーダンスを $\boldsymbol{Z}$、電流を $\boldsymbol{i}$、共振回路内の電流を $\boldsymbol{i_0}$ としたとき、**共振時**にこれらの値は概略どのようになるか。

	Z	i	i_0
1.	最大	最小	最小
2.	最大	最小	最大
3.	最小	最小	最大
4.	最小	最大	最大

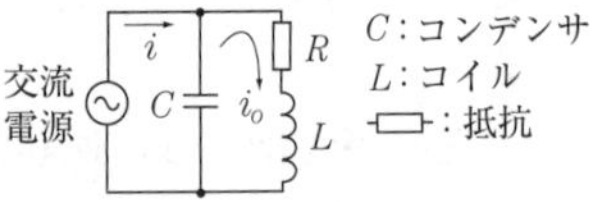

交流電源　i　C　i_0　R　L

C：コンデンサ
L：コイル
─□─：抵抗

出題頻度：★☆☆☆☆　☞ 161ページ参照

問 13　次の記述の［　　］内に入れるべき字句の組合せで、正しいものはどれか。

シリコン接合ダイオードに加える［ A ］を変えると、PN 間の［ B ］が**変化する**。このような性質を利用するダイオードを［ C ］という。

	A	B	C
1.	逆方向電圧	静電容量	バラクタダイオード
2.	逆方向電圧	抵　抗	ツェナーダイオード
3.	順方向電圧	抵　抗	バラクタダイオード
4.	順方向電圧	静電容量	ツェナーダイオード

出題頻度：★☆☆☆☆　☞ 163ページ参照

問 14　図に示す記号で表される半導体素子の名称は、次の

　【答】問 11：3，問 12：2．問 13：1

うちどれか。

1. ホトダイオード　　2. トンネルダイオード
3. ツェナーダイオード　4. バラクタダイオード

出題頻度：★☆☆☆☆ ☞ 164ページ参照

問 15 図（図記号）に示す半導体素子についての記述で、正しいのはどれか。

1. 光のエネルギーを、電気エネルギーに変換する。
2. 温度の変化を、電気信号に変換する。

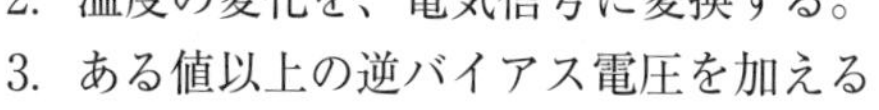

3. ある値以上の逆バイアス電圧を加えると、急激に電流が流れ出す。
4. 加えられた電圧の大きさによって、静電容量が変化する。

出題頻度：★☆☆☆☆ ☞ 164ページ参照

問 16 図に示す記号で表される半導体素子の名称は、次のうちどれか。

1. ホトダイオード　　2. トンネルダイオード
3. バラクタダイオード　4. ツェナーダイオード

出題頻度：★☆☆☆☆ ☞ 164ページ参照

問 17 PN 接合ダイオードに、ある値以上の逆方向電圧を加えると、電流が急激に流れだし、電圧がほぼ一定となることを利用する半導体の名称は、次のうちどれか。

1. ホトダイオード　　2. トンネルダイオード
3. バラクタダイオード　4. ツェナーダイオード

出題頻度：★☆☆☆☆ ☞ 164ページ参照

【答】問 14：4，問 15：4．問 16：4，問 17：4

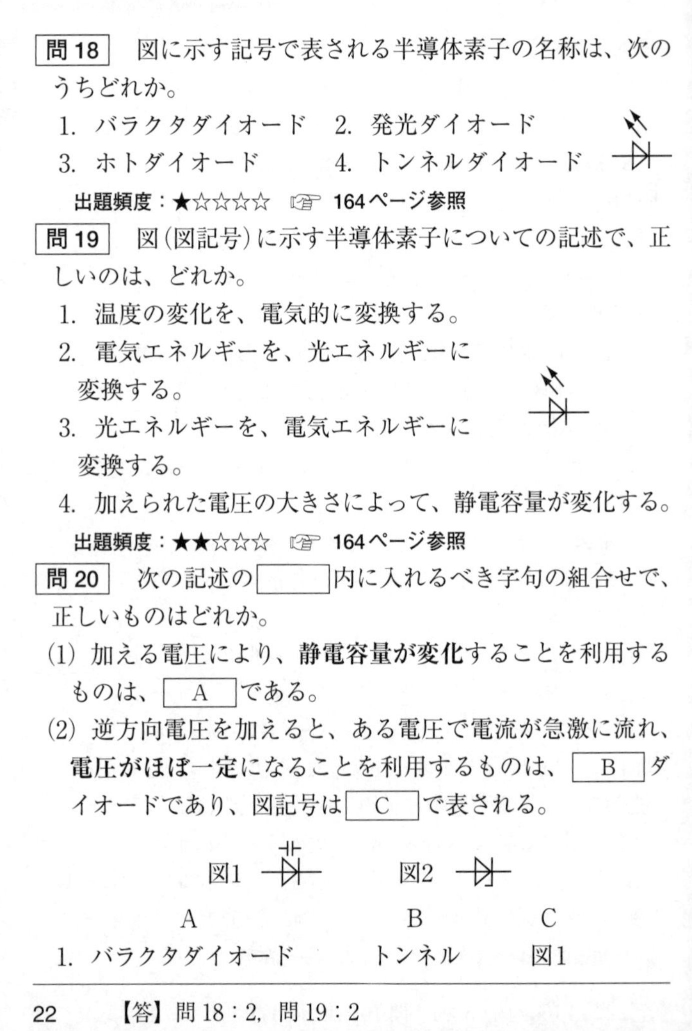

問 18　図に示す記号で表される半導体素子の名称は、次のうちどれか。

1. バラクタダイオード　2. 発光ダイオード
3. ホトダイオード　4. トンネルダイオード

出題頻度：★☆☆☆☆　☞ 164ページ参照

問 19　図（図記号）に示す半導体素子についての記述で、正しいのは、どれか。

1. 温度の変化を、電気的に変換する。
2. 電気エネルギーを、光エネルギーに変換する。
3. 光エネルギーを、電気エネルギーに変換する。
4. 加えられた電圧の大きさによって、静電容量が変化する。

出題頻度：★★☆☆☆　☞ 164ページ参照

問 20　次の記述の［　　］内に入れるべき字句の組合せで、正しいものはどれか。

(1) 加える電圧により、**静電容量が変化**することを利用するものは、［ A ］である。
(2) 逆方向電圧を加えると、ある電圧で電流が急激に流れ、**電圧がほぼ一定**になることを利用するものは、［ B ］ダイオードであり、図記号は［ C ］で表される。

図1　　図2

	A	B	C
1.	バラクタダイオード	トンネル	図1

　【答】問 18：2,　問 19：2

2.	バラクタダイオード	ツェナー	図2
3.	バリスタ	ツェナー	図2
4.	バリスタ	トンネル	図1

出題頻度：★★☆☆☆ ☞ 164ページ参照

問 21　図（図記号）に示す電界効果トランジスタ（FET）の電極 a の名称は、次のうちどれか。

1. ソース　　2. ゲート
3. コレクタ　　4. ドレイン

a

出題頻度：★★☆☆☆ ☞ 167ページ参照

問 22　次の記述の［　　］内に入れるべき字句の組合せで、正しいのはどれか。

電界効果トランジスタ（FET）の電極名を接合形トランジスタの電極名と対比すると、**ソース**は［ A ］に、**ドレイン**は［ B ］に、**ゲート**は［ C ］に相当する。

	A	B	C
1.	ベース	エミッタ	コレクタ
2.	ベース	コレクタ	エミッタ
3.	エミッタ	ベース	コレクタ
4.	エミッタ	コレクタ	ベース

出題頻度：★★☆☆☆ ☞ 167ページ参照

問 23　電界効果トランジスタを一般の接合形トランジスタと比べた場合で、**正しい**のはどれか。

1. 電流制御のトランジスタである。
2. 内部雑音は大きい。
3. 入力インピーダンスが低い。

【答】問 20：2，問 21：4，問 22：4

4. 高周波特性が優れている。

出題頻度：★★☆☆☆ ☞ 168ページ参照

問 24 図（図記号）に示す電界効果トランジスタ（エンハンスメント形 MOS FET）の**電極 a**の名称は、次のうちどれか。

1. ソース　　2. ゲート
3. ドレイン　　4. コレクタ

出題頻度：★★☆☆☆ ☞ 173ページ参照

問 25 図（図記号）に示すMOS形電界効果トランジスタ（FET）の名称は、どれか。

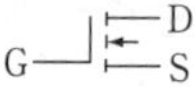

1. エンハンスメント形Nチャネル MOS FET
2. エンハンスメント形Pチャネル MOS FET
3. デプレッション形Nチャネル MOS FET
4. デプレッション形Pチャネル MOS FET

出題頻度：★★★☆☆ ☞ 167ページ参照

問 26 図に示すように、真空中を直進する**電子**に対して、その**進行方向に平行**で強い**電界**が加えられると電子はどのようになるか。

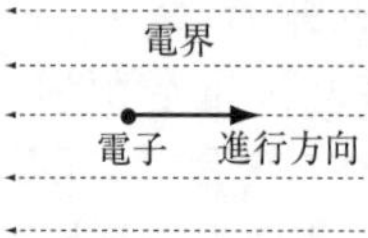

1. 電子は回転運動をする。
2. 電子の進行速度が変わる。
3. 電子の進行方向が変わる。
4. 電子の数が増加する。

電界
電子　進行方向

出題頻度：★★★☆☆ ☞ 169ページ参照

 【答】問 23：4，問 24：2，問 25：1，問 26：2

電子回路

問1　図に示すトランジスタ増幅器（A 級増幅器）において、ベース・エミッタ間に加える直流電源 V_{BE} と、コレクタ・エミッタ間に加える直流電源 V_{CE} **の極性**の組合せで、正しいのは次のうちどれか。

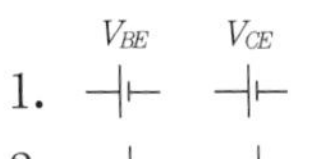

1.
2.
3.
4.

出題頻度：★☆☆☆☆　☞ **171 ページ参照**

問2　図に示すトランジスタ増幅器（A 級増幅器）において、ベース・エミッタ間に加える直流電源 V_{BE} と、コレクタ・エミッタ間に加える直流電源 V_{CE} **の極性**の組合せで、正しいのはどれか。

1.
2.
3.
4.

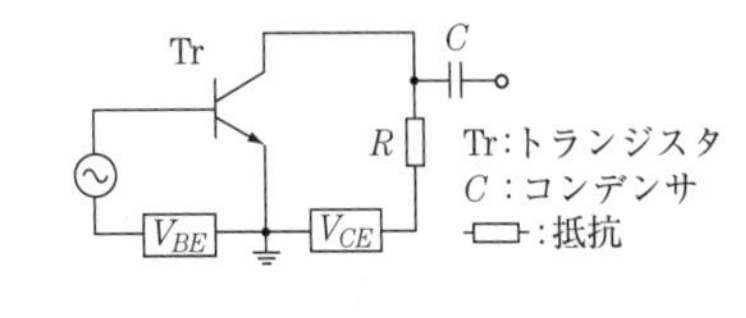

出題頻度：★☆☆☆☆　☞ **171 ページ参照**

問3　次の記述は、図に示すトランジスタ増幅回路について述べたものである。□内に入れるべき字句の組合せで、

【答】問1：4，問2：2

基礎知識
電子回路
送信機
受信機
電波障害
電源
空中線・給電線
電波伝搬
測定

正しいのはどれか。

(1) [A]**接地増幅回路**である。

(2) 一般に**他の接地方式の増幅回路に比べて**、[B]インピーダンスは**高く**、[C]インピーダンスは**低い**。

	A	B	C
1.	コレクタ	入力	出力
2.	エミッタ	出力	入力
3.	コレクタ	出力	入力
4.	エミッタ	入力	出力

Tr
入力
R
出力
⊣⊢：直流電源　Tr：トランジスタ
▭：抵抗

出題頻度：★★☆☆☆ ☞ **171 ページ参照**

問 4 　次の記述の[　　]内に入れるべき字句の組合せで、正しいのはどれか。

図の回路は[A]形トランジスタを用いて、[B]を**共通端子として接地**した増幅回路の一例である。この回路は、出力側から入力側への[C]が少なく、高周波増幅に適している。

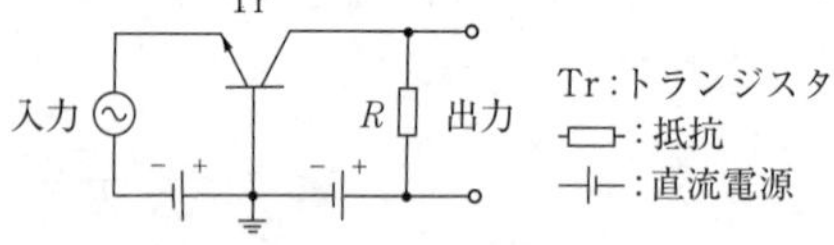

	A	B	C
1.	PNP	エミッタ	帰還
2.	PNP	ベース	電流増幅率
3.	NPN	ベース	帰還
4.	NPN	エミッタ	電流増幅率

出題頻度：★★☆☆☆ ☞ **173 ページ参照**

　【答】問 3：1，問 4：3

問 5　次の記述の［　　］内に入れるべき字句の組合せで、正しいものはどれか。

トランジスタ回路のうち、［ A ］接地トランジスタ回路の**電流増幅率**は、［ B ］電流の変化量を［ C ］電流の変化量で割った値で表される。

	A	B	C
1.	エミッタ	コレクタ	ベース
2.	エミッタ	ベース	コレクタ
3.	ベース	ベース	コレクタ
4.	ベース	コレクタ	ベース

出題頻度：★☆☆☆☆　☞ **173 ページ参照**

問 6　図は、トランジスタ増幅器の $V_{BE}-I_C$ 特性曲線の一例である。特性の P 点を動作点とする**増幅方式**は、次のうちどれか。

1. AB 級増幅
2. A 級増幅
3. B 級増幅
4. C 級増幅

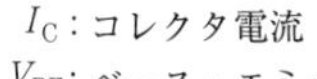

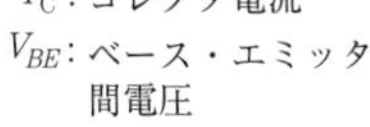

出題頻度：★☆☆☆☆　☞ **173 ページ参照**

問 7　図は、トランジスタ増幅器の $V_{BE}-I_C$ 特性曲線の一例である。特性の P 点を動作点とする**増幅方式**は、次のうちどれか。

1. A 級増幅
2. B 級増幅

【答】問 5：1，問 6：2

3. C級増幅
4. AB級増幅

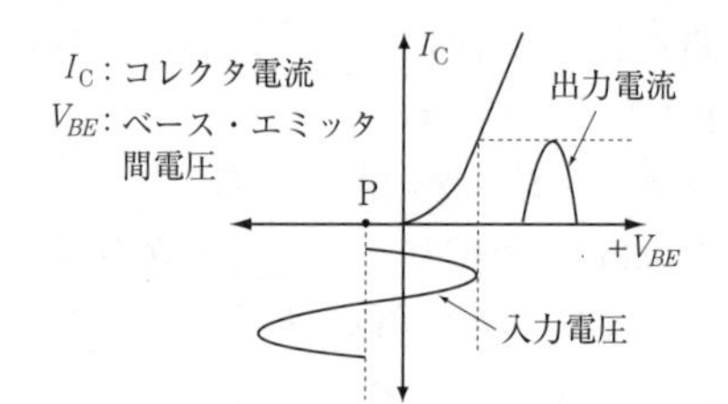

出題頻度:★☆☆☆☆ ☞ 173ページ参照

問8 図に示すNチャネルFET増幅回路において、ゲート側電源 V_{GS} 及びドレイン側電源 V_{DS} **の極性**の組合せで、正しいのは次のうちどれか。ただし、A級増幅回路とする。

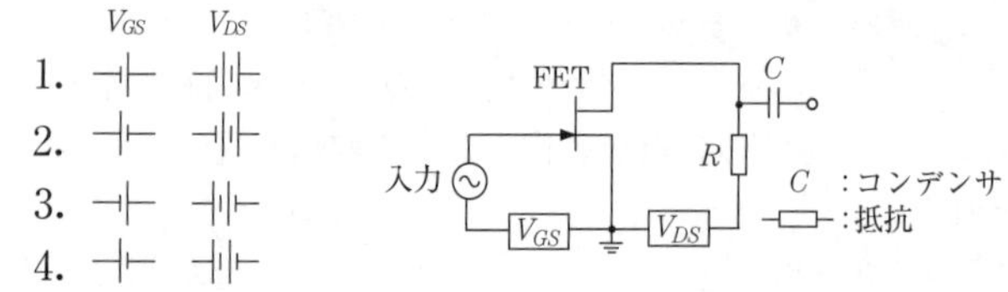

出題頻度:★☆☆☆☆ ☞ 174ページ参照

問9 図に示す発振回路の原理図の名称として、正しいものはどれか。

1. ハートレー発振回路
2. ピアースBE水晶発振回路
3. 無調整水晶発振回路
4. コルピッツ発振回路

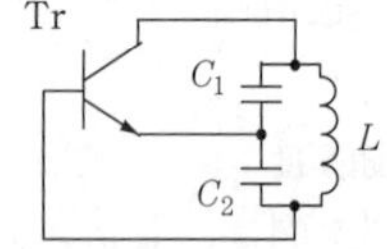

Tr:トランジスタ
C_1, C_2:コンデンサ
L:コイル

出題頻度:★☆☆☆☆ ☞ 176ページ参照

問10 図は、**位相同期ループ**(PLL)を用いた発振器の構成

 【答】問7:3, 問8:1, 問9:4

例を示したものである。図の［　　　］内に入れるべき字句で、正しいのは次のうちどれか。

＊電圧制御発振器が空欄の設問もある。

1. 高域フィルタ（HPF）
2. 低域フィルタ（LPF）
3. 帯域フィルタ（BPF）
4. 帯域消去フィルタ（BEF）

電圧制御発振器
出力
基準水晶発振器
位相比較器
可変分周器

出題頻度：★★☆☆☆ ☞ 176ページ参照

問 11　図は、単一正弦波で**振幅変調**した波形をオシロスコープで測定したものである。**変調度**は幾らか。

1. 75〔%〕
2. 60〔%〕
3. 40〔%〕
4. 25〔%〕

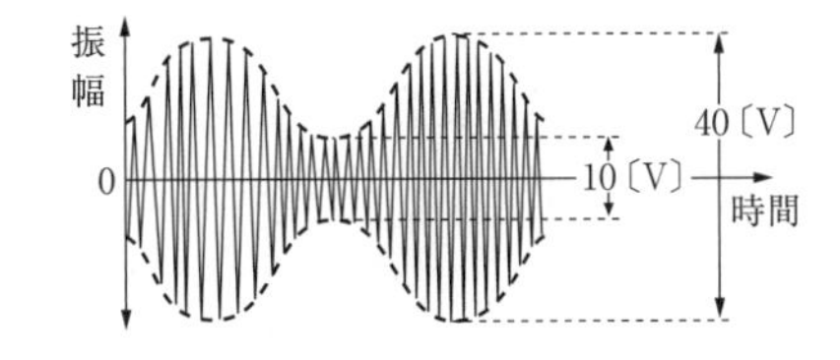

出題頻度：★★☆☆☆ ☞ 177ページ参照

問 12　図は、振幅が20〔V〕の搬送波を単一正弦波で**振幅変調**した**波形**をオシロスコープで測定したものである。**変調度**は幾らか。＊振幅が10〔V〕という設問もある。

1. 66.7〔%〕
2. 50.0〔%〕
3. 33.3〔%〕
4. 20.0〔%〕

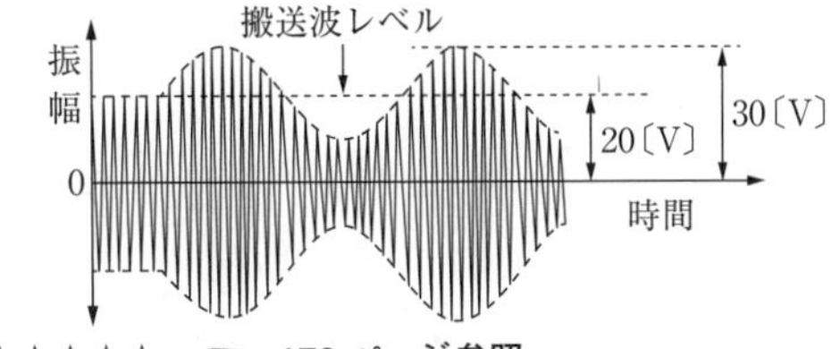

出題頻度：★★☆☆☆ ☞ 179ページ参照

【答】問 10：2，問 11：2，問 12：2

問 13　図は振幅が60〔V〕の搬送波を単一正弦波の信号波で振幅変調した変調波の波形である。このときの変調度は幾らか。＊振幅が40〔V〕、搬送波レベル40〔V〕という設問もある。

1. 15.0〔%〕
2. 30.0〔%〕
3. 33.3〔%〕
4. 50.0〔%〕

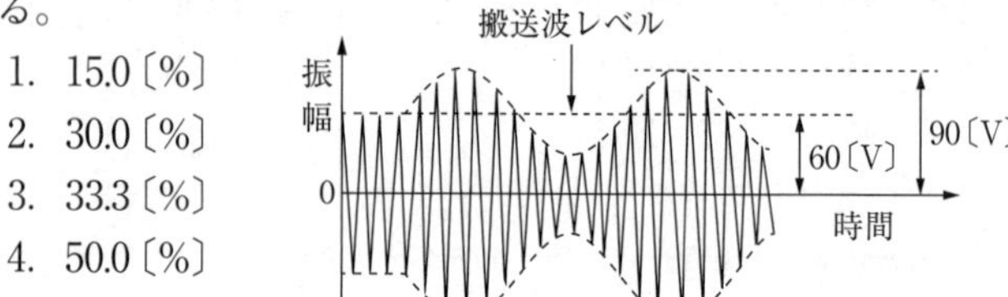

出題頻度：★☆☆☆☆　☞ 179 ページ参照

問 14　周波数 f の信号と、周波数 f_0 の局部発振器の出力を周波数**混合器で混合**したとき、出力側に流れる電流の周波数は次のうちどれか。ただし、$f > f_0$ とする。

1. $f \pm f_0$
2. $f \cdot f_0$
3. $\dfrac{f+f_0}{2}$
4. $\dfrac{f}{f_0}$

出題頻度：★☆☆☆☆　☞ 179 ページ参照

問 15　図に示すA、Bの論理回路に $X = 1$、$Y = 1$ の入力を加えたとき、論理回路の出力 F の組合せで、正しいのは次のうちどれか。

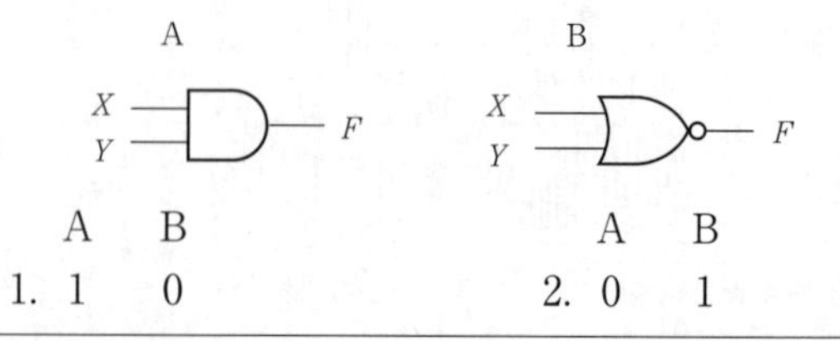

	A	B		A	B
1.	1	0	2.	0	1

　【答】問 13：4，問 14：1

3. 1　1　　　　　4. 0　0

出題頻度：★★★☆☆　☞ 180 ページ参照

問 16　図に示すA、Bの論理回路にX = 1、Y = 1の入力を加えたとき、論理回路の出力Fの組合せで、正しいのは次のうちどれか。

	A	B
1.	0	0
2.	0	1
3.	1	1
4.	1	0

出題頻度：★★★☆☆　☞ 180 ページ参照

問 17　図に示すA、Bの論理回路にX = 1、Y = 0の入力を加えたとき、論理回路の出力Fの組合せで、正しいのは次のうちどれか。

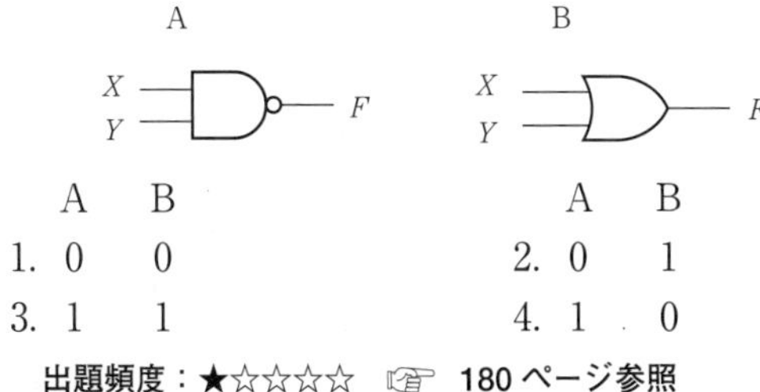

	A	B		A	B
1.	0	0	2.	0	1
3.	1	1	4.	1	0

出題頻度：★☆☆☆☆　☞ 180 ページ参照

問 18　図に示すA、Bの論理回路にX = 1、Y = 1の入力を加えたとき、論理回路の出力Fの組合せで、正しいのは次のうちどれか。

【答】問 15：1, 問 16：2, 問 17：3

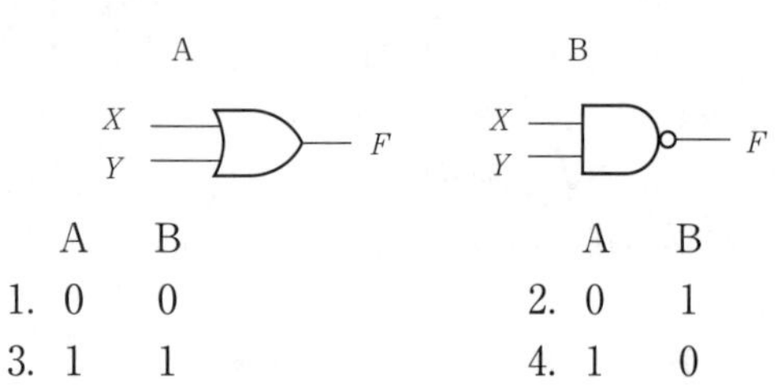

	A	B
1.	0	0
2.	0	1
3.	1	1
4.	1	0

出題頻度：★☆☆☆☆ ☞ 180ページ参照

問 19 図に示すA、Bの論理回路に$X = 1$、$Y = 0$の入力を加えたとき、論理回路の出力Fの組合せで、正しいのは次のうちどれか。

	A	B
1.	0	0
2.	0	1
3.	1	1
4.	1	0

A　　B

X
Y
F　X
Y
F

出題頻度：★☆☆☆☆ ☞ 180ページ参照

問 20 次の真理値表となる論理回路の名称として、正しいものは次のうちどれか。

1. AND回路
2. NOR回路
3. OR回路
4. NAND回路

入力A	入力B	出力
0	0	1
0	1	0
1	0	0
1	1	0

出題頻度：★☆☆☆☆ ☞ 180ページ参照

　【答】問18：4，問19：3，問20：2

送信機

問 1　送信機の回路において、**緩衝増幅器**の配置で、最も適切なのは次のうちどれか。

＊「適切でないものは次のどれか」という設問もある。

1. 周波数逓倍器と励振増幅器の間
2. 励振増幅器と電力増幅器の間
3. 音声増幅器の次段
4. 発振器の次段

出題頻度：★☆☆☆☆ ☞ 183 ページ参照

問 2　次の記述の[　　]内に入れるべき字句の組合せで、正しいものはどれか。

送信機に用いられる周波数逓倍器には、一般にひずみの[A]C 級増幅回路が用いられ、その出力に含まれる[B]成分を取り出すことにより、基本周波数の**整数倍**の周波数を得る。

	A	B		A	B
1.	大きい	高調波	2.	大きい	低調波
3.	小さい	高調波	4.	小さい	低調波

出題頻度：★★☆☆☆ ☞ 184 ページ参照

問 3　次の記述の[　　]内に当てはまる字句の組合せで、正しいのはどれか。

発振周波数が10〔MHz〕ぐらいより**高い水晶発振子**は、その厚みが非常に[A]なり**製造が難しく**、超短波帯の送信

【答】問 1：4，問 2：1

機では［ B ］動作の周波数逓倍器を用いて**高い周波数**を得ている。

	A	B		A	B
1.	薄く	A級	2.	厚く	A級
3.	厚く	C級	4.	薄く	C級

出題頻度：★☆☆☆☆ ☞ 184ページ参照

問4　AM(A3E)送信機において、無変調の**搬送波電力**を**200〔W〕**とすると、変調信号入力が単一正弦波で**変調度**が**60〔%〕**のとき、振幅変調された送信波の平均電力の値で、正しいのは次のうちどれか。

1. 218〔W〕　　2. 226〔W〕
3. 236〔W〕　　4. 248〔W〕

出題頻度：★☆☆☆☆ ☞ 185ページ参照

問5　SSB(J3E)電波の周波数成分を表した図はどれか。ただし、点線は搬送波成分がないことを示す。

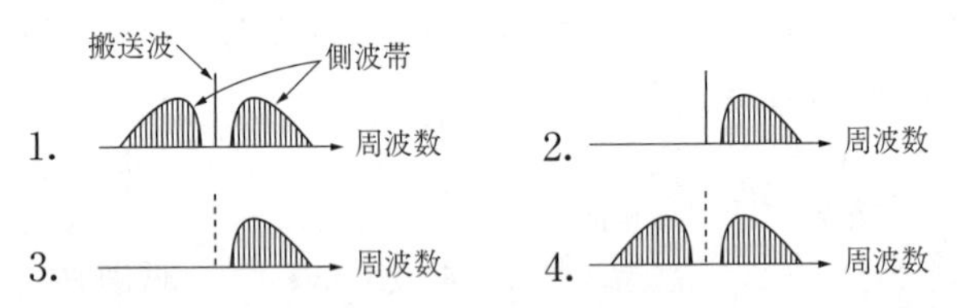

出題頻度：★☆☆☆☆ ☞ 186ページ参照

問6　図に示す**リング変調回路**において、**音声による変調入力信号を加える端子と出力に現れる電流の周波数**との組合せで、正しいのは次のうちどれか。ただし、搬送波の周波数をf_c、変調入力信号の周波数をf_sとする。

　【答】問3：4，問4：3，問5：3

D：ダイオード
：抵抗

	変調入力信号 (f_S) を加える端子	出力の電流の周波数
1.	a b	$f_C + f_S$
2.	a b	$f_C \pm f_S$
3.	c d	$f_C \pm f_S$
4.	c d	$f_C + f_S$

出題頻度：★★☆☆☆ ☞ 187 ページ参照

問 7　図に示すSSB (J3E) 送信機の**リング変調回路**において、**搬送波を加える端子**と**出力に現れる電流の周波数**との組合せで、正しいのは次のうちどれか。ただし、搬送波の周波数をf_C、変調入力信号の周波数をf_Sとする。

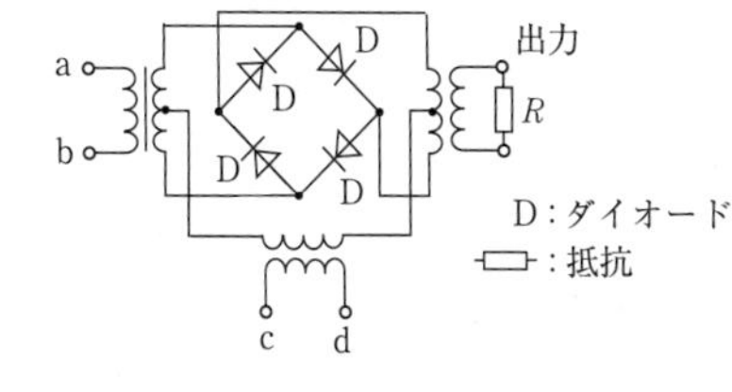

	搬送波 (f_C) を加える端子	出力の電流の周波数
1.	a b	$f_C + f_S$
2.	a b	$f_C \pm f_S$
3.	c d	$f_C \pm f_S$

【答】問 6：2

4.　　c d　　　　$f_C + f_S$

出題頻度：★★☆☆☆ ☞ 187ページ参照

問 8　図は、SSB(J3E)送信機の原理的な構成例を示したものである。**空欄の部分**の名称の組合せで、正しいのは次のうちどれか。

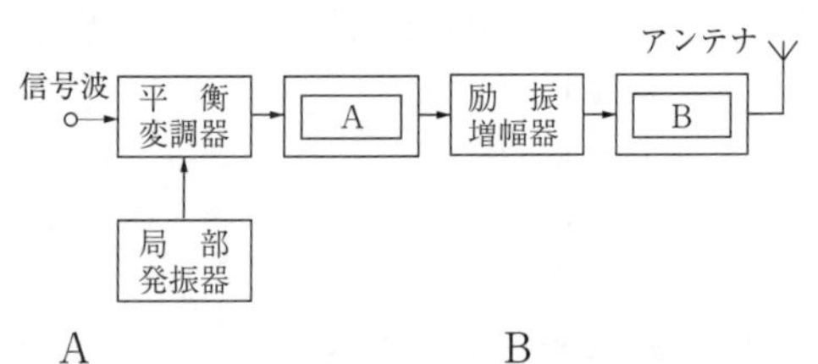

	A	B
1.	緩衝増幅器	周波数逓倍器
2.	緩衝増幅器	電力増幅器
3.	帯域フィルタ(BPF)	周波数逓倍器
4.	帯域フィルタ(BPF)	電力増幅器

出題頻度：★★☆☆☆ ☞ 188ページ参照

問 9　次の記述の[　　]内に入れるべき字句の組合せで、正しいのはどれか。

SSB(J3E)送信機の動作において、**音声信号波**と**局部発振器**で作られた搬送波を[A]に**加える**と、上側波帯と下側波帯が生ずる。この両側波帯のうち**一方の側波帯**を[B]で取り出して、中間周波数のSSB波を作る。

	A	B
1.	周波数逓倍器	帯域フィルタ(BPF)
2.	周波数逓倍器	中間増幅器

　【答】問7：3，問8：4

3. 平衡変調器　　　　　　中間増幅器
4. 平衡変調器　　　　　　帯域フィルタ(BPF)

出題頻度：★☆☆☆☆　☞ 188ページ参照

問 10　SSB(J3E)送信機の構成及び各部の働きで、**誤って**いるのは次のうちどれか。

1. 送信出力波形のひずみを軽減するため、ALC回路を設けている。
2. 変調波を周波数逓倍器に加えて所要の周波数を得ている。
3. 不要な側波帯を除去するため、帯域フィルタ(BPF)を設けている。
4. 平衡変調器を設けて、搬送波を除去している。

出題頻度：★★☆☆☆　☞ 189ページ参照

問 11　図は、直接FM方式のFM(F3E)送信機の原理的な構成例を示したものである。□内に入れるべき字句の組合せで、正しいものは次のうちどれか。

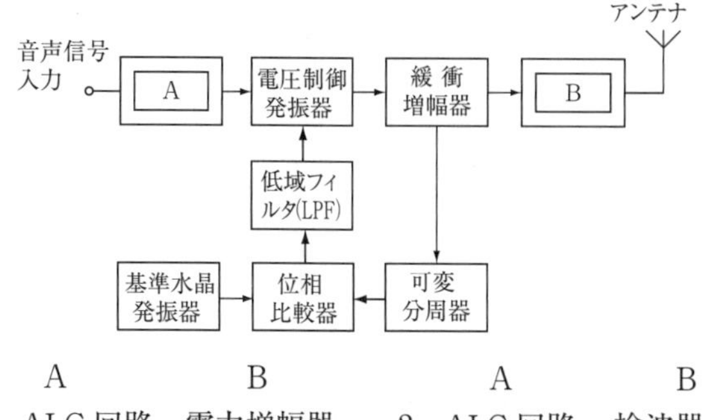

	A	B		A	B
1.	ALC回路	電力増幅器	2.	ALC回路	検波器

3. IDC 回路　検波器　　　　4. IDC 回路　電力増幅器

出題頻度：★★☆☆☆　☞ 190 ページ参照

問 12　直接 FM 方式の FM (F3E) 送信機において、大きな音声信号が加わったときに周波数偏移を一定値内に納めるためには、図の空欄の部分に何を設けたらよいか。

＊ BFO 回路、局部発振器という解答選択肢もある。

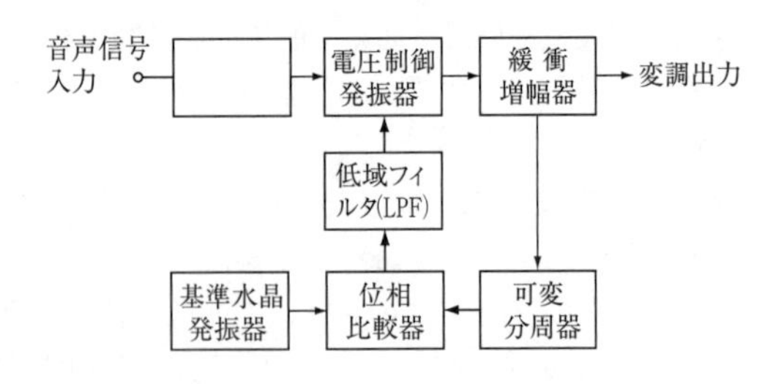

1. IDC 回路　　　　2. AFC 回路
3. ANL 回路　　　　4. 音声増幅器

出題頻度：★★☆☆☆　☞ 190 ページ参照

問 13　直接 FM 方式の FM (F3E) 送信機において、変調波を得るには、図の空欄の部分に何を設ければよいか。

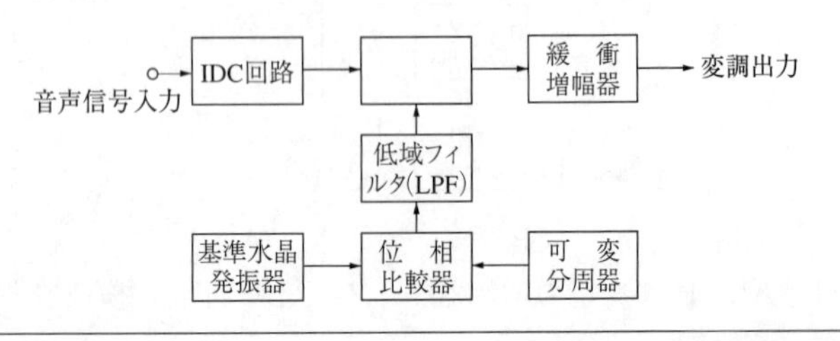

　【答】問 11：4，問 12：1

1. 音声増幅器　　2. 励振増幅器
3. 電圧制御発振器　　4. 周波数逓倍器

出題頻度：★☆☆☆☆　☞ 190 ページ参照

問 14　図は、間接 FM 方式の FM (F3E) 送信機の**構成例**を示したものである。空欄の部分に入れるべき名称の組合せで、正しいのは次のうちどれか。

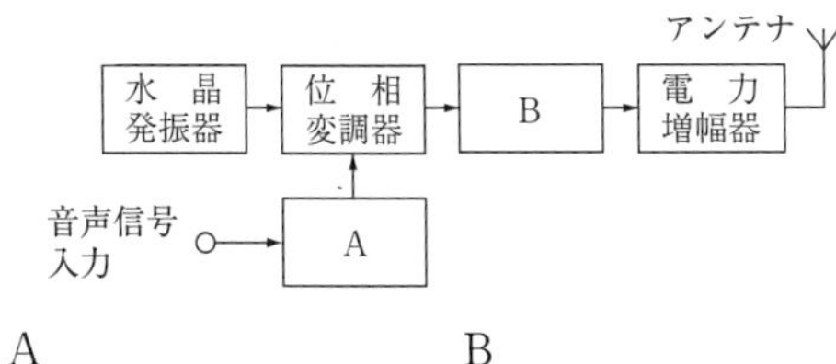

	A	B
1.	ALC 回路	周波数逓倍器
2.	ALC 回路	検波器
3.	IDC 回路	検波器
4.	IDC 回路	周波数逓倍器

出題頻度：★☆☆☆☆　☞ 191 ページ参照

問 15　FM (F3E) 送信機において、**IDC 回路**を設ける目的で、正しいのは次のうちどれか。

1. 周波数偏移を制限する。
2. 寄生振動の発生を防止する。
3. 発振周波数を安定にする。
4. 高調波の発生を除去する。

出題頻度：★★☆☆☆　☞ 191 ページ参照

問 16　間接 FM 方式の FM (F3E) 送信機において、瞬間的

【答】問 13：3, 問 14：4, 問 15：1

に大きな音声信号が加わっても**周波数偏移を一定値内に収める**ためには、図の空欄の部分に何を設ければよいか。

1. AGC 回路
2. 音声増幅器
3. IDC 回路
4. 緩衝増幅器

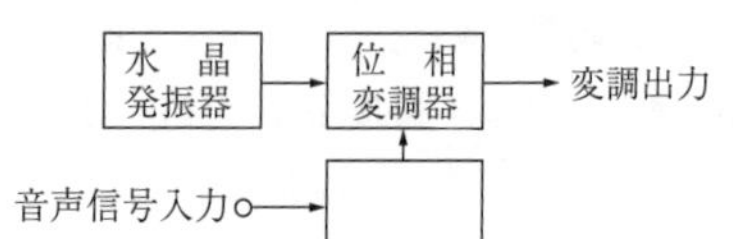

出題頻度：★☆☆☆☆ ☞ 191 ページ参照

問 17 間接 FM 方式の FM (F3E) 送信機において、**変調波を得る**には、図の空欄の部分に何を設ければよいか。

1. 位相変調器
2. 平衡変調器
3. 緩衝増幅器
4. 周波数逓倍器

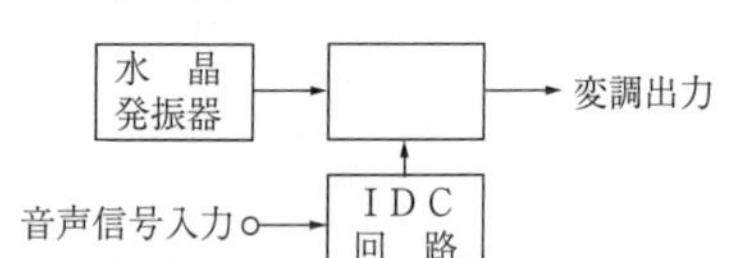

出題頻度：★☆☆☆☆ ☞ 191 ページ参照

問 18 FM (F3E) 送信機に通常**使用されていない**のは，次のうちどれか。＊ ALC という解答選択肢もある。

1. 水晶発振器　　2. 緩衝増幅器
3. IDC 回路　　4. 周波数逓倍器

出題頻度：★☆☆☆☆ ☞ 191 ページ参照

問 19 FM(F3E) 送信機において、周波数偏移を大きくする方法として用いられるのは、次のうち、どれか。

1. 周波数逓倍器の逓倍数を大きくする。
2. 緩衝増幅器の増幅度を大ききする。
3. 送信機の出力を大きくする。
4. 変調器と次段との結合を疎にする。

　【答】問 16：3，問 17：1，問 18：2

出題頻度：★★☆☆☆ ☞ 192ページ参照

問 20 次の記述の［　　］内に入れるべき字句の組合せで、正しいのはどれか。

送信機の出力端子に接続して、**高調波を除去**するフィルタとして［ A ］が用いられる。このフィルタの減衰量は、［ B ］に対してなるべく小さく、［ C ］に対しては十分大きくなければならない。

	A	B	C
1.	高域フィルタ（HPF）	基本波	高調波
2.	帯域消去フィルタ（BRF）	高調波	基本波
3.	低域フィルタ（LPF）	基本波	高調波
4.	低域フィルタ（LPF）	高調波	基本波

出題頻度：★☆☆☆☆ ☞ 192ページ参照

問 21 次の記述の［　　］内に入れるべき字句の組合せで、正しいのはどれか。

(1) 送信機で発生する高調波がアンテナから発射されるのを防止するため、［ A ］を用いる。

(2) **高調波**の発射を**防止**するフィルタの遮断周波数は、基本周波数より［ B ］。

	A	B
1.	高域フィルタ（HPF）	低い
2.	低域フィルタ（LPF）	低い
3.	高域フィルタ（HPF）	高い
4.	低域フィルタ（LPF）	高い

出題頻度：★★☆☆☆ ☞ 192ページ参照

【答】問 19：1，問 20：3，問 21：4

問 22　電信(A1A)送信機において、**電けんを押すと送信状態**となり、電けんを**離すと受信状態**となる**電けん操作**の方式は、次のうちどれか。

1. ブレークイン方式　　2. 同時送受信方式
3. VFO 方式　　4. PTT 方式

出題頻度：★☆☆☆☆ ☞ 193 ページ参照

問 23　電信送信機の出力の**異常波形の概略図とその原因**が、正しく対応しているのは、次のうちどれか。

	波　形	原　　因
1.	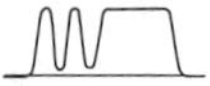	電けん回路のリレーのチャタリング
2.		電けん回路のキークリック
3.		電源の電圧変動率が大きい (＊寄生振動が生じているという解答選択肢もある。)
4.		電源平滑回路の作用不完全 (＊電源の容量不足という解答選択肢もある。)

出題頻度：★★☆☆☆ ☞ 194 ページ参照

問 24　電信送信機の出力の**異常波形の概略図とその原因**が、正しく対応しているのは、次のうちどれか。

	波　形	原　　因
1.	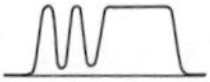	電けん回路のキークリック
2.		電源の容量不足

　【答】問 22：1，問 23：1

3. 電源のリプルが大きい

4. 電源平滑回路の作用不完全

出題頻度：★☆☆☆☆ ☞ 194 ページ参照

問 25 電信送信機において、**出力波形**が概略以下の図のようになる原因は、次のうちどれか。

1. 電源のリプルが大きい。
2. 電けん回路のリレーにチャタリングが生じている。
3. 寄生振動が生じている。
4. キークリックが生じている。

出題頻度：★☆☆☆☆ ☞ 194 ページ参照

問 26 電信送信機において、**出力波形**が概略以下の図のようになる原因は、次のうちどれか。

1. 電けん回路のリレーにチャタリングが生じている。
2. 寄生振動が生じている。
3. キークリックが生じている。
4. 電源のリプルが大きい。

出題頻度：★☆☆☆☆ ☞ 194 ページ参照

問 27 電信送信機において、**出力波形**が概略以下の図のようになる原因は、次のうちどれか。

1. 電源のリプルが大きい。
2. 電けん回路のリレーにチャタリングが生じている。
3. キークリックが生じている。
4. 寄生振動が生じている。

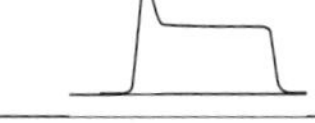

【答】 問 24：2, 問 25：3, 問 26：4

出題頻度：★☆☆☆☆ ☞ 194 ページ参照

模擬1 次の記述は、アマチュア局の24〔MHz〕帯以下の周波数帯において使用される、周波数偏移(F1B)通信(RTTY)の動作原理等について述べたものである。このうち誤っているものを下の番号から選べ。

1. 発射される電波は、電信符号のマークとスペースに対応して、発射電波の中心周波数を基準にそれぞれ正又は負へ一定値だけ偏移させる。
2. マークかスペースのどちらかの周波数を固定し、他方の周波数の偏移量を大きくするほど信号対雑音比(S/N)が改善されるが、占有周波数帯幅は広くなる。
3. マークとスペースの切替え(偏移)は、搬送波を直接キーイングする FSK(Frequency Shift Keying)方式や可聴周波数により、キーイングした信号を、SSB 送信機のマイクロホン端子等に入力して送信する AFSK(Audio Frequency Shift Keying)方式があり、一般的には AFSK 方式の方が発射する電波の占有周波数帯幅が広がりにくい。
4. 復調は、2 個の帯域フィルタ(BPF)によりマークとスペースを分離する方法があるが、近年ではコンピュータのソフトウェアによる復調が使われることが多い。

出題頻度：★☆☆☆☆ ☞ 196 ページ参照

 【答】問 27：3，模擬 1：3

受　信　機

問 1　図に示すDSB(A3E)スーパヘテロダイン受信機の**構成には誤った部分**がある。これを正しくするにはどうすればよいか。

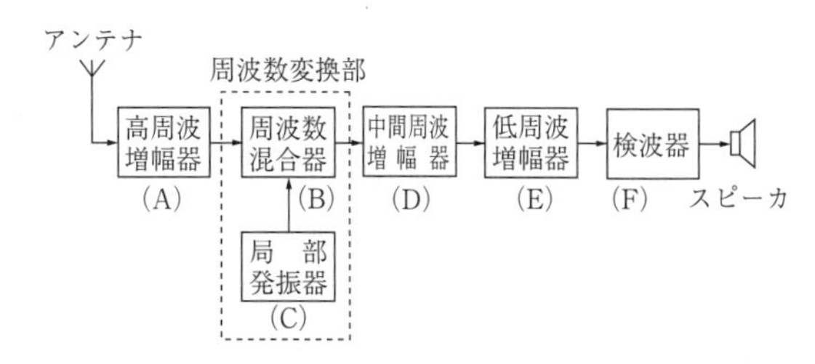

1. (A)と(D)を入れ替える。　2. (B)と(C)を入れ替える。
3. (D)と(F)を入れ替える。　4. (E)と(F)を入れ替える。

出題頻度：★☆☆☆☆　☞ 197 ページ参照

問 2　図に示すDSB(A3E)スーパヘテロダイン受信機の**構成には誤った部分**がある。これを正しくするにはどうすればよいか。

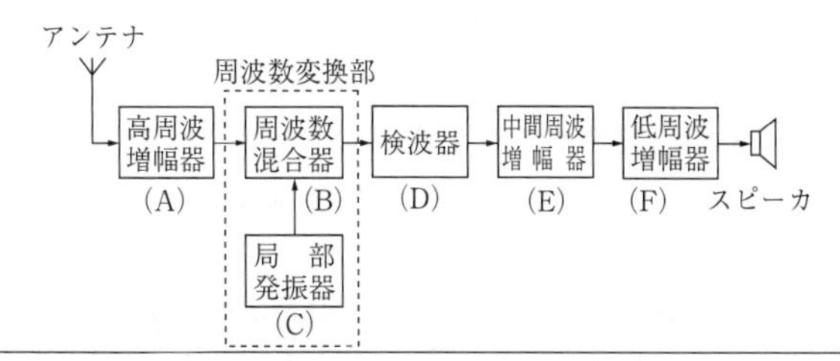

【答】問1：4

1. (A)と(F)を入れ替える。 2. (B)と(C)を入れ替える。
3. (C)と(D)を入れ替える。 4. (D)と(E)を入れ替える。

出題頻度：★☆☆☆☆ ☞ 197 ページ参照

問 3 次の記述の［　　］内に入れるべき字句の組合せで、正しいのはどれか。

シングルスーパヘテロダイン受信機において、［ A ］を設けると、［ B ］で発生する**雑音の影響が少なくなるため**［ C ］が改善される。

	A	B	C
1.	高周波増幅部	中間周波増幅部	選択度
2.	中間周波増幅部	周波数変換部	信号対雑音比
3.	周波数変換部	中間周波増幅部	選択度
4.	高周波増幅部	周波数変換部	信号対雑音比

出題頻度：★★☆☆☆ ☞ 198 ページ参照

問 4 スーパヘテロダイン受信機の**周波数変換部の作用**は、次のうちどれか。

1. 受信周波数を音声周波数に変える。
2. 中間周波数を音声周波数に変える。
3. 音声周波数を中間周波数に変える。
4. 受信周波数を中間周波数に変える。

出題頻度：★☆☆☆☆ ☞ 198 ページ参照

問 5 **中間周波数が455〔kHz〕**のスーパヘテロダイン受信機で、**21.350〔MHz〕の電波が受信**されているとき、**局部発振周波数**は次のどの周波数となるか。

1. 22.260〔MHz〕 2. 21.805〔MHz〕

 【答】 問 2：4，問 3：4，問 4：4

3. 21.350〔MHz〕　　4. 20.440〔MHz〕

出題頻度：★☆☆☆☆ ☞ 198 ページ参照

問 6　次の記述の□内に入れるべき字句の組合せで、正しいのはどれか。

スーパヘテロダイン受信機の中間周波**増幅器**は、周波数混合器で作られた中間周波数の信号を［A］するとともに、［B］**妨害を除去**する働きをする。

	A	B
1.	復調	影像（イメージ）周波数
2.	周波数変換	過変調
3.	周波数逓倍	混変調
4.	増幅	近接周波数

出題頻度：★☆☆☆☆ ☞ 199 ページ参照

問 7　次の記述の□内に入れるべき字句の組合せで、正しいのはどれか。

スーパヘテロダイン受信機の中間周波増幅器の**通過帯域幅**が受信電波の**占有周波数帯幅と比べて極端**に［A］場合には、必要とする周波数帯域の一部が**増幅されない**ので、［B］が悪くなる。

	A	B		A	B
1.	狭い	選択度	2.	狭い	忠実度
3.	広い	感度	4.	広い	安定度

出題頻度：★☆☆☆☆ ☞ 200 ページ参照

問 8　図は、スーパヘテロダイン受信機の検波回路である。可変抵抗器 VR の**タップ T を a 側**に移動させると、どのよう

【答】問 5：2，問 6：4，問 7：2

になるか。

1. 低周波出力が減少する。
2. AGC 電圧が増大する。
3. 低周波出力が増大する。
4. AGC 電圧が減少する。

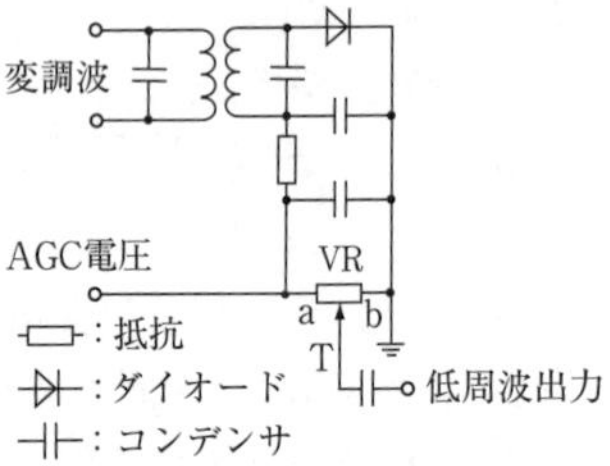

出題頻度：★☆☆☆☆

☞ 200 ページ参照

問 9　図は、スーパヘテロダイン受信機の検波回路である。可変抵抗器 VR の**タップ T を b 側**に移動させると、どのようになるか。

1. 低周波出力が減少する。
2. AGC 電圧が増大する。
3. 低周波出力が増大する。
4. AGC 電圧が減少する。

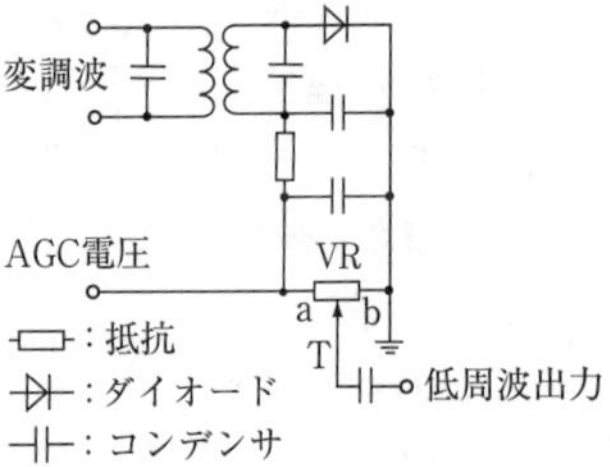

出題頻度：★☆☆☆☆

☞ 200 ページ参照

問 10　AM 受信機において、**受信入力レベルが変動**すると、出力レベルが不安定となる。この**出力を一定に保つ**ための働きをする**回路**は、次のうちどれか。

＊ AFC という解答選択肢もある。

1. クラリファイヤ（または RIT）回路
2. スケルチ回路
3. AGC 回路
4. IDC 回路

出題頻度：★☆☆☆☆　☞ 201 ページ参照

【答】問 8：3，問 9：1，問 10：3

問 11 受信電波の強さが変動しても、**受信出力を一定にする働き**をするものは、何と呼ばれるか。

1. IDC　　2. BFO
3. AFC　　4. AGC

出題頻度：★☆☆☆☆ ☞ 201 ページ参照

問 12 SSB(J3E)受信機において、**クラリファイヤ**(又はRIT)を設ける**目的**は、次のうちどれか。

1. 受信強度の変動を防止する。
2. 受信周波数目盛を校正する。
3. 受信雑音を軽減する。
4. 受信信号の明りょう度を良くする。

出題頻度：★☆☆☆☆ ☞ 202 ページ参照

問 13 **クラリファイヤ**(又はRIT)を用いて行う調整の機能として、正しいのは次のうちどれか。

1. 低周波増幅器の出力を変化させる。
2. 検波器の出力を変化させる。
3. 高周波増幅器の同調周波数を変化させる。
4. 局部発振器の発振周波数を変化させる。

出題頻度：★☆☆☆☆ ☞ 202 ページ参照

問 14 次の記述の[　　]内に入れるべき字句の組合せで、正しいのはどれか。

周波数弁別器は、[A]の変化から信号波を取り出す回路であり、主として**FM 波**の[B]に用いられる。

	A	B		A	B
1.	周波数	復調	2.	周波数	変調

【答】問 11：4，問 12：4，問 13：4

3. 振幅　　　復調　　　4. 振幅　　　変調

出題頻度：★★★☆☆　☞ 203 ページ参照

問 15　A1A 電波を受信する無線電信受信機のBFO（ビート周波数発振器）はどのような目的で用いられるか。

1. 近接周波数による混信を除去する。
2. 通信が終わったとき警報を出す。
3. 受信信号を可聴周波信号に変換する。
4. 受信周波数を中間周波数に変える。

出題頻度：★☆☆☆☆　☞ 204 ページ参照

問 16　電信（A1A）用受信機のBFO（ビート周波数発振器）回路の説明で**正しい**のは次のうちどれか。

1. ダブルスーパヘテロダイン方式の第二局部発振器の回路である。
2. 水晶発振器を用いた周波数安定回路である。
3. 受信信号を可聴周波信号に変換するための回路である。
4. 出力側から出る雑音を少なくする回路である。

出題頻度：★☆☆☆☆　☞ 204 ページ参照

問 17　スーパヘテロダイン受信機において、**影像周波数混信を軽減**する方法で、**誤っている**のは次のうちどれか。

1. 中間周波増幅部の利得を下げる。
2. 高周波増幅部の選択度を良くする。
3. 中間周波数を高くする。
4. アンテナ回路にウェーブトラップを挿入する。

出題頻度：★★★☆☆　☞ 204 ページ参照

問 18　スーパヘテロダイン受信機において、**近接周波数に**

　【答】問 14：1，問 15：3，問 16：3，問 17：1

よる混信を軽減するには、どのようにするのが最も効果的か。

1. AGC 回路を断(OFF)にする。
2. 高周波増幅器の利得を下げる。
3. 局部発振器に水晶発振回路を用いる。
4. 中間周波増幅部に適切な特性の帯域フィルタ(BPF)を用いる。

出題頻度：★☆☆☆☆ ☞ 205 ページ参照

問 19　スーパヘテロダイン受信機において、**中間周波変成器(IFT)の調整が崩れ、帯域幅が広がる**とどうなるか。

1. 強い電波を受信しにくくなる。
2. 周波数選択度が良くなる。
3. 近接周波数による混信を受けやすくなる。
4. 出力の信号対雑音比が良くなる。

出題頻度：★☆☆☆☆ ☞ 206 ページ参照

問 20　受信機で希望する電波を受信しているとき、近接周波数の強力な電波により受信機の**感度が低下**するのは、次のどの現象によるものか。

1. 引込み現象　　2. 相互変調
3. 影像周波数妨害　　4. 感度抑圧効果

出題頻度：★★★☆☆ ☞ 206 ページ参照

【答】問 18：4，問 19：3，問 20：4

電波障害

問 1 アマチュア局の電波が、近所の**テレビジョン受像機に電波障害**を与えることがあるが、これを通常何というか。

1. BCI　　2. EMC
3. ITV　　4. TVI

出題頻度：★☆☆☆☆ ☞ 207 ページ参照

問 2 アマチュア局の電波が、近所の**ラジオ受信機に電波障害**を与えることがあるが、これを通常何というか。
＊ EMC、ITV という解答選択肢もある。

1. TVI　　2. BCI
3. アンプ I　　4. テレホン I

出題頻度：★★☆☆☆ ☞ 207 ページ参照

問 3 AM ラジオ受信機に**希望波と異なる周波数の強力な電波が加わる**と受信された信号が**受信機の内部で変調**され、BCI を起こすことがある。**この現象**を何と呼んでいるか。

1. 過変調　　2. 平衡変調
3. 位相変調　　4. 混変調

出題頻度：★☆☆☆☆ ☞ 208 ページ参照

問 4 送信機で 28[MHz] の周波数の電波を発射したところ、FM 放送受信に混信を与えた。送信機側で考えられる混信の原因で正しいものはどれか。

1. 1/3 倍の低調波が発射されている。
2. 同軸給電線が断線している。

 【答】問 1：4，問 2：2，問 3：4

3. スケルチを強くかけすぎている。
4. 第3高調波が強く発射されている。

出題頻度：★★★☆☆ ☞ 210ページ参照

問5 アマチュア局から発射された435〔MHz〕帯の基本波が、地デジ(地上デジタルテレビ放送470～710〔MHz〕)のアンテナ直下型受信用ブースタに混入して電波障害を与えた。この防止対策として、地デジアンテナと受信用ブースタとの間に挿入すればよいのは、次のうちどれか。

A	B
1. 低域フィルタ(LPF)	1. ラインフィルタ
2. トラップフィルタ(BEF)	2. トラップフィルタ(BEF)
3. SWRメータ	3. 同軸避雷器
4. ラインフィルタ	4. SWRメータ

出題頻度：★★☆☆☆ ☞ 208ページ参照

類1 次の記述は、電波障害防止対策について述べたものである。[　　]内に入れるべき字句の組み合わせで、正しいのはどれか。

アマチュア局から発射された435[MHz]帯の基本波が、地デジ(地上デジタルテレビ放送470～710[MHz]のアンテナ直下型受信用ブースタに混入して電波障害を与えた。この防止対策として、地デジアンテナと受信用ブースタとの間に[A]を挿入し、アマチュア局の電波を[B]させる。

	A	B
1.	低域フイルタ(LPF)	増幅
2.	低域フイルタ(LPF)	減衰

【答】問4：4, 問5：A…2, B…2

3. トラップフイルタ(BEF)　　増幅
4. トラップフイルタ(BEF)　　減衰

出題頻度：★★☆☆☆　☞ 208ページ参照

問6　送信設備から電波が発射されているとき、BCIの発生原因となるおそれがあるもので、**誤っている**のは、次のうちどれか。

1. アンテナ結合回路の結合度が疎になっている。
2. 過変調になっている。
3. 寄生振動が発生している。
4. 送信アンテナが送電線に接近している。

出題頻度：★☆☆☆☆　☞ 209ページ参照

問7　送信設備から電波が発射されているとき、BCIの発生原因となるおそれがないものは、次のうちどれか。

1. 送信アンテナが電灯線(低圧配電線)に接近している。
2. 広帯域にわたり強い不要発射がある。
3. 寄生振動が発生している。
4. アンテナ結合回路の結合度が疎になっている。

出題頻度：★☆☆☆☆　☞ 209ページ参照

問8　次の記述は、送信機によるBCIを避けるための対策について述べたものである。[　　]内に入れるべき字句の組合せで、正しいのはどれか。

(1) 送信機の終段の同調回路とアンテナとの結合をできるだけ[　A　]にする。
(2) 電信送信機では[　B　]を避ける。

　【答】類1：4, 問6：1, 問7：4

	A	B
1.	密	キークリック
2.	密	ブレークイン方式
3.	疎	キークリック
4.	疎	ブレークイン方式

出題頻度：★☆☆☆☆ ☞ 194，211 ページ参照

問 9 無線局から発射された電波が他の無線局の受信設備に、妨害を**与えるおそれがある**のは次のうちどれか。

1. 送信電力が低下したとき
2. 電源フィルタが使用されたとき
3. 高調波が発射されたとき
4. 電源に蓄電池が使用されたとき

出題頻度：★★☆☆☆ ☞ 210 ページ参照

問 10 **空電による雑音妨害を、最も受けやすい**周波数帯は、次のうちどれか。

1. マイクロ波(SHF)帯
2. 極超短波(UHF)帯
3. 超短波（VHF）帯
4. 短波(HF)帯以下

出題頻度：★★☆☆☆ ☞ 212 ページ参照

問 11 **雑音電波の発生を防止**するため、送信機でとる処置で、**有効でないもの**は、次のうちどれか。

1. 高周波部をシールドする。
2. 接地を完全にする。
3. 各種の配線を束にする。
4. 電源線にノイズフィルタを入れる。

出題頻度：★★☆☆☆ ☞ 213 ページ参照

【答】問 8：3, 問 9：3, 問 10：4, 問 11：3

問 12 電信(A1A)送信機で電波障害を防ぐ方法として、誤っているのは次のうちどれか。

1. キークリックの防止回路を設ける。
2. 給電線結合部は、静電結合とする。
3. 低域フィルタ(LPF)又は帯域フィルタ(BPF)を挿入する。
4. 高調波トラップを使用する。

出題頻度：★★★★☆ ☞ **211 ページ参照**

【答】問 12：2

電　源

問 1　次の記述は、**接合ダイオードの特性**について述べたものである。正しいのはどれか。

1. 順方向電圧を加えたとき、電流は流れにくい。
2. 順方向電圧を加えたとき、内部抵抗は小さい。
3. 逆方向電圧を加えたとき、内部抵抗は小さい。
4. 逆方向電圧を加えたとき、電流は容易に流れる。

出題頻度：★☆☆☆☆　☞ 214 ページ参照

問 2　次の記述の［　　］内に入れるべき字句の組合せで、正しいのはどれか。

(1) 電源回路で、交流入力電圧100〔V〕、交流入力電流2〔A〕というとき、これらの**大きさは、一般に**［ A ］を表す。

(2) 交流の瞬時値のうちで最も大きな値を最大値といい、正弦波交流では、平均値は**最大値**の［ B ］倍になり、実効値は**最大値**の［ C ］倍になる。

	A	B	C
1.	実効値	$\frac{1}{\sqrt{2}}$	$\frac{2}{\pi}$
2.	実効値	$\frac{2}{\pi}$	$\frac{1}{\sqrt{2}}$
3.	平均値	$\frac{1}{\sqrt{2}}$	$\frac{2}{\pi}$
4.	平均値	$\frac{2}{\pi}$	$\frac{1}{\sqrt{2}}$

出題頻度：★☆☆☆☆　☞ 214 ページ参照

【答】問 1：2，問 2：2

問 3　図は、ダイオードDを用いた半波整流回路である。この回路に流れる電流 i の方向と出力電圧の極性との組合せで、正しいのは次のうちどれか。

	電流 i の方向	出力電圧の極性
1.	ⓐ	ⓒ
2.	ⓐ	ⓓ
3.	ⓑ	ⓒ
4.	ⓑ	ⓓ

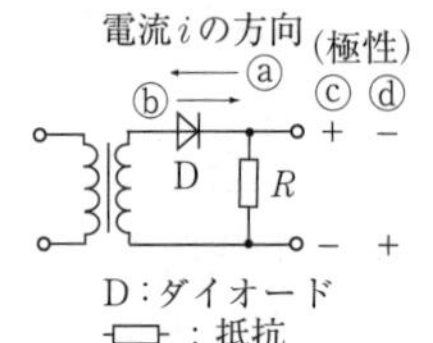

出題頻度：★☆☆☆☆　☞ 215ページ参照

問 4　図に示す**整流回路**において、その名称と出力側**a点の電圧の極性**との組合せで、正しいのは次のうちどれか。

	名　称	a点の極性
1.	半波整流回路	負
2.	全波整流回路	負
3.	半波整流回路	正
4.	全波整流回路	正

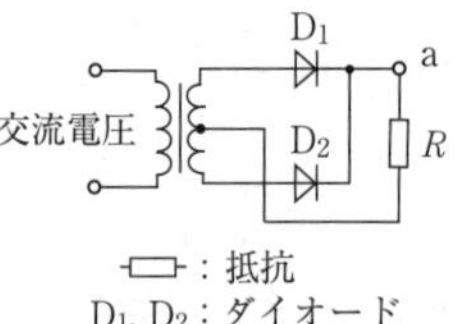

出題頻度：★★☆☆☆　☞ 215ページ参照

問 5　図に示す整流回路において、**a点の電圧が中点bの電圧より高い**とき、**整流電流**はどのように流れるか。

1. c ─→ D_2 ─→ R ─→ b
2. b ─→ R ─→ D_2 ─→ c
3. a ─→ D_1 ─→ D_2 ─→ c
4. a ─→ D_1 ─→ R ─→ b

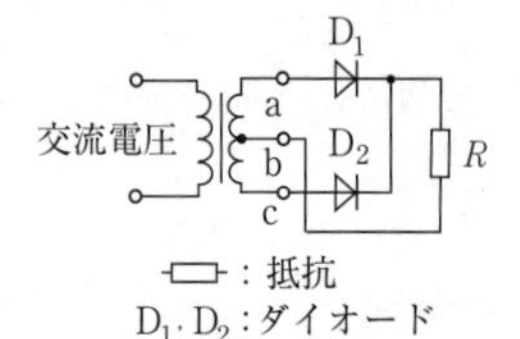

出題頻度：★★☆☆☆　☞ 215ページ参照

　【答】問3：3，問4：4，問5：4

問 6　図に示す整流回路において、交流電源電圧 E が**最大値31.4〔V〕**の正弦波電圧であるとき、負荷にかかる**脈流電圧の平均値**として、最も近いものを下の番号から選べ。ただし、D_1 から D_4 までのダイオードの特性は理想的なものとする。

1. 10.0〔V〕
2. 15.7〔V〕
3. 20.0〔V〕
4. 31.4〔V〕

交流電源 電圧 E　D_1　D_2　D_3　D_4　負荷　D_1～D_4：ダイオード　抵抗

出題頻度：★☆☆☆☆　☞ 216ページ参照

問 7　図に示す整流回路において、交流電源電圧 E が**実効値30〔V〕**の正弦波電圧であるとき、負荷にかかる**脈流電圧の平均値**として、最も近いものを下の番号から選べ。ただし、D_1 から D_4 までのダイオードの特性は理想的なものとする。

1. 21〔V〕
2. 27〔V〕
3. 30〔V〕
4. 42〔V〕

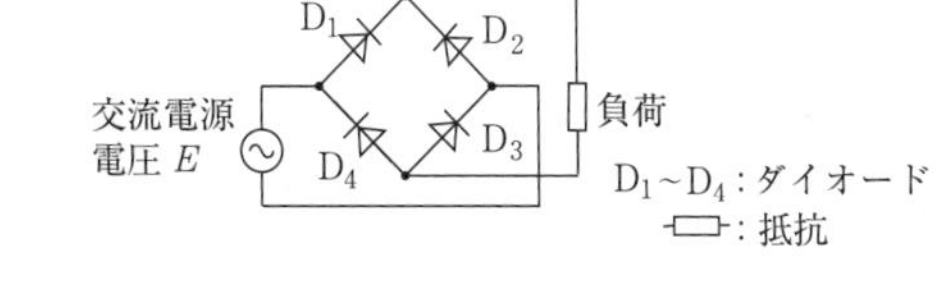

出題頻度：★☆☆☆☆　☞ 216ページ参照

問 8　単相**全波**整流回路**と比べたとき**の単相**半波**整流回路の特徴で、**誤っている**のは次のうちどれか。

1. **変圧器**が二次側の直流により**磁化**される。
2. リプル周波数は同じである。
3. 出力電圧（電流）の直流分が小さい。

【答】問6：3,　問7：2

4. 脈流の中に含まれる交流分が大きい。

出題頻度：★☆☆☆☆ ☞ 218ページ参照

問 9 図に示す整流回路において、コンデンサC_1、C_2及びチョークコイルCHの働きの組合せで、正しいものは次のうちどれか。

＊ C_1及びC_2の働きとCHの働きを左右逆に配置したものもある。

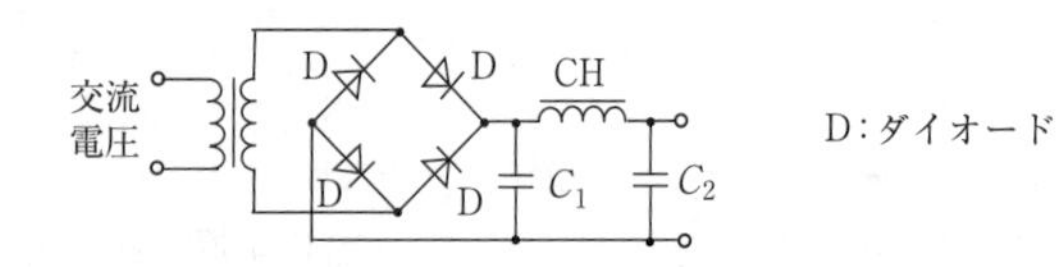

	C_1 及び C_2 の働き	CH の働き
1.	直流を妨げる	交流を通す
2.	直流を通す	交流を妨げる
3.	交流を通す	直流を通す
4.	交流を妨げる	直流を妨げる

出題頻度：★★☆☆☆ ☞ 220ページ参照

問 10 次の記述の［　　］内に当てはまる字句の組合せで、正しいのはどれか。

送受信機の電源に商用電源を用いる場合は、［ A ］により**所要の電圧**にした後、［ B ］を経て［ C ］で**できるだけ完全な直流**にする。

	A	B	C
1.	変圧器	整流回路	平滑回路
2.	変調器	整流回路	平滑回路

【答】問8：2，問9：3

3. 変圧器　平滑回路　整流回路
4. 変調器　平滑回路　整流回路

出題頻度：★☆☆☆☆　☞ 220ページ参照

問 11　電源の**定電圧回路**に用いられるダイオードは、次のうちどれか。

1. バラクタダイオード　2. ツェナーダイオード
3. ホトダイオード　4. 発光ダイオード

出題頻度：★☆☆☆☆　☞ 221ページ参照

問 12　**ツェナーダイオード**は、次のうちどの回路に用いられるか。

1. 定電圧回路　2. 平滑回路
3. 共振回路　4. 発振回路

出題頻度：★☆☆☆☆　☞ 221ページ参照

問 13　容量(10時間率)**20〔Ah〕**の蓄電池を**2〔A〕**で**連続使用**すると、通常何時間まで使用できるか。

*容量30〔Ah〕、3〔A〕という設問もある。

1. 2時間　2. 5時間　3. 10時間　4. 20時間

出題頻度：★★★☆☆　☞ 222ページ参照

問 14　端子電圧6〔V〕、容量60〔Ah〕の蓄電池を**3個直列に接続**したとき、その**合成電圧と合成容量**の値の組合わせで、正しいのは次のうちどれか。

	合成電圧	合成容量		合成電圧	合成容量
1.	6〔V〕	60〔Ah〕	2.	18〔V〕	60〔Ah〕
3.	6〔V〕	180〔Ah〕	4.	18〔V〕	180〔Ah〕

出題頻度：★★★☆☆　☞ 222ページ参照

【答】問10：1，問11：2，問12：1，問13：3，問14：2

問 15 **ニッケルカドミウム蓄電池**の特徴について、**誤っている**ものは次のうちどれか。

1. この電池 1 個の端子電圧は 1.2〔V〕である。
2. 繰り返し充・放電することができない。
3. 過放電に対して耐久性が優れている。
4. 比較的大きな電流が取り出せる。

出題頻度：★☆☆☆☆ ☞ 223 ページ参照

問 16 次の記述は、ニッケルカドミウム蓄電池と比べたときの、**リチウムイオン蓄電池の一般的な特徴**について述べたものである。誤っているのはどれか。

1. 同じ大きさであれば高容量が得られる。
2. 電池 1 個の端子電圧は 1.2〔V〕より低い。
3. 自然に少しずつ放電する自己放電量が少ない。
4. メモリー効果がないので、継ぎ足し充電ができる。

出題頻度：★★★☆☆ ☞ 224 ページ参照

類1 次の記述は、リチウムイオン畜電池の特徴について述べたものである。［　　］内に入れるべき字句の組み合わせで、正しいものはどれか。

リチウムイオン蓄電池は、小型軽量で電池1個当たりの端子電圧は1.2〔V〕より［ A ］。また、自然に少しずつ放電する自己放電量が、ニッケルカドミウム蓄電池より少なく、メモリー効果がないので、継ぎ足し充電が［ B ］。
破損、変形による発熱・発火の危険性が［ C ］。

	A	B	C
1.	低い	できない	ある

【答】問 15：2，問 16：2

2.	低い	できる	ない
3.	高い	できない	ない
4.	高い	できる	ある

出題頻度：★★★☆☆ ☞ 224ページ参照

問17 次の記述は、ニッケル・水素蓄電池について述べたものである。□内に入れるべき字句の正しい組合せを下の番号から選べ。

(1) 電解液として水酸化カリウムなどの[A]性水溶液を用い、正極にニッケル酸化物、負極に水素吸蔵合金を用いた二次電池であり、1個当たりの公称電圧は約[B]〔V〕である。

(2) エネルギー密度は、同一形状・容積のリチウムイオン蓄電池[C]。

	A	B	C
1.	アルカリ	1.2	より小さい
2.	アルカリ	3.6	より大きい
3.	酸	3.6	より小さい
4.	酸	1.2	とほぼ同じ

出題頻度：★★☆☆☆ ☞ 224ページ参照

問18 次二次側コイルの巻数が10回の電源変圧器において、一次側にAC100〔V〕を加えたところ、二次側に5〔V〕の電圧が現れた。この電源変圧器の一次側の巻き数は幾らか。

1. 20回　　2. 50回　　3. 100回　　4. 200回

出題頻度：★☆☆☆☆ ☞ 225ページ参照

【答】類1：4，問17：1，問18：4

空中線・給電線

問1　次の記述の[　　]内に入れるべき字句の組合せで、正しいのはどれか。

使用する電波の波長がアンテナの[A]波長より短いときは、アンテナ回路に直列に[B]を入れ、アンテナの[C]長さを短くしてアンテナを共振させる。

	A	B	C
1.	固有	延長コイル	幾何学的
2.	固有	短縮コンデンサ	電気的
3.	励振	短縮コンデンサ	幾何学的
4.	励振	延長コイル	電気的

出題頻度：★☆☆☆☆　☞ 226 ページ参照

問2　送信用アンテナに延長コイルを必要とするのは、どのようなときか。

1. 使用する電波の周波数がアンテナの固有周波数より低いとき
2. 使用する電波の周波数がアンテナの固有周波数より高いとき
3. 使用する電波の波長がアンテナの固有波長に等しいとき
4. 使用する電波の波長がアンテナの固有波長より短いとき

出題頻度：★☆☆☆☆　☞ 226 ページ参照

問3　長さが8〔m〕の $\frac{1}{4}$ 波長垂直接地アンテナを用いて、周波数が7,050〔kHz〕の電波を放射する場合、この周波数でアンテナを共振させるために一般的に用いられる方法で、正しいのは次のうちどれか。

　【答】問1：2，問2：1

＊長さ、周波数を変更した設問もある。

1. アンテナにコンデンサを直列に接続する。
2. アンテナの接地抵抗を大きくする。
3. アンテナにコイルを直列に接続する。
4. アンテナに抵抗を並列に接続する。

出題頻度：★☆☆☆☆ ☞ 226 ページ参照

問 4　**半波長ダイポール**アンテナの特性で、誤っているのは次のうちどれか。

1. 放射抵抗は 50〔Ω〕である。
2. アンテナを大地と垂直に設置すると、水平面内では全方向性（無指向性）となる。
3. アンテナを大地と水平に設置すると、水平面内の指向性は 8 字形となる。
4. 電圧分布は両端で最大となる。

出題頻度：★★★☆☆ ☞ 228 ページ参照

問 5　**3.5〔MHz〕**用の**半波長**ダイポールアンテナの**長さ**の値として、最も近いのは次のうちどれか。

1. 11〔m〕　2. 21〔m〕　3. 43〔m〕　4. 86〔m〕

出題頻度：★☆☆☆☆ ☞ 228 ページ参照

問 6　通常、**水平面内の指向性**が全方向性（無指向性）として使用されるアンテナは、次のうちどれか。

1. 水平半波長ダイポールアンテナ
2. 八木アンテナ（八木・宇田アンテナ）
3. 垂直半波長ダイポールアンテナ
4. パラボラアンテナ

【答】問 3：3，問 4：1，問 5：3

出題頻度：★★★☆☆　☞ 228ページ参照

問7　半波長ダイポールアンテナの放射電力を12〔W〕にするためのアンテナ電流の値として、最も近いのはどれか。ただし、熱損失となるアンテナ導体の抵抗分は無視するものとする。　　＊3〔W〕という設問もある。

1. 0.1〔A〕　2. 0.4〔A〕　3. 1.4〔A〕　4. 3.7〔A〕

出題頻度：★★★☆☆　☞ 229ページ参照

問8　通常、水平面内の指向性が図のようになるアンテナは、次のうちどれか。ただし、点Pは、アンテナ位置を示す。

1. 水平半波長ダイポールアンテナ
2. 八木アンテナ
3. 垂直半波長ダイポールアンテナ
4. キュビカルクワッドアンテナ

出題頻度：★☆☆☆☆　☞ 228ページ参照

問9　図は、各種のアンテナの水平面内の指向性を示したものである。一般的な**ブラウンアンテナ**（グランドプレーンアンテナ）の指向性はどれか。ただし、点Pは、アンテナの位置を示す。

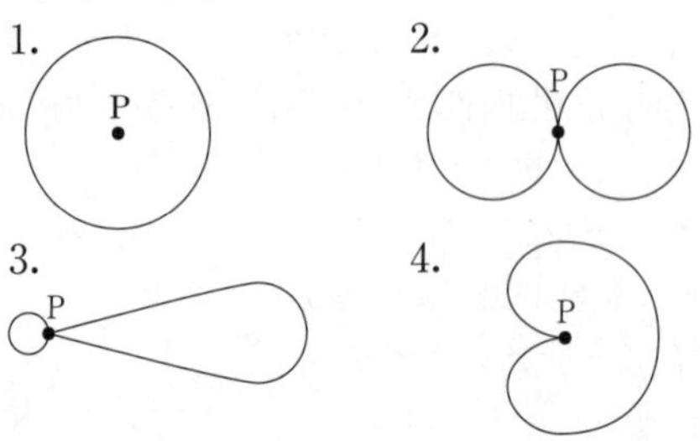

【答】問6：3，問7：2，問8：3

出題頻度：★★☆☆☆ ☞ 230ページ参照

問10 一般的な**八木アンテナ**（八木・宇田アンテナ）の記述として、**誤っているの**は次のうちどれか。

1. 指向性アンテナである。
2. 接地アンテナの一種である。
3. 反射器、放射器及び導波器で構成される。
4. 導波器の素子数が多いものは、指向性が鋭い。

出題頻度：★★★☆☆ ☞ 235ページ参照

問11 **八木アンテナ**（八木・宇田アンテナ）において、**給電線は、次のどの素子に**つなげばよいか。

1. 放射器　2. すべての素子　3. 導波器　4. 反射器

出題頻度：★☆☆☆☆ ☞ 231ページ参照

問12 図の破線は、水平設置の**八木アンテナ**（八木・宇田アンテナ）の水平面内指向特性を示したものである。正しいのは次のうちどれか。ただし、Dは導波器、Pは放射器、Rは反射器とする。

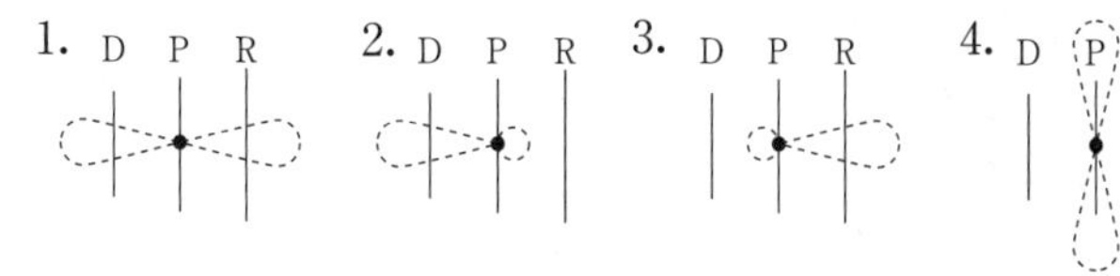

出題頻度：★★☆☆☆ ☞ 231ページ参照

問13 **給電線として望ましくない特性**は、次のうちどれか。

1. 高周波エネルギーを無駄なく伝送する。
2. 特性インピーダンスが均一である。
3. 給電線から電波が放射されない。

【答】問9：1，問10：2，問11：1，問12：2

4. 給電線で電波が受かる。

出題頻度：★☆☆☆☆ ☞ 232ページ参照

問14 同軸**給電線**に必要な**電気的条件**で、**誤っている**のは次のうちどれか。

1. 導体の抵抗損失が少ないこと。
2. 絶縁耐力が十分であること。
3. 誘電損が少ないこと。
4. 給電線から放射される電波が強いこと。

出題頻度：★★★★☆ ☞ 232ページ参照

問15 次に挙げたアンテナの**給電方法の記述**で、正しいのはどれか。

1. 給電点において、電流分布を最小にする給電方法を電流給電という。
2. 給電点において、電圧分布を最小にする給電方法を電圧給電という。
3. 給電点において、電流分布を最小にする給電方法を電圧給電という。
4. 給電点において、電圧分布を最大にする給電方法を電流給電という。

出題頻度：★★★☆☆ ☞ 233ページ参照

 【答】問13：4，問14：4，問15：3

電波伝搬

問 1　次の記述の□内に入れるべき字句の組合せで、正しいのはどれか。

電波が電離層を**突き抜ける**ときの**減衰**は、周波数が**低い**ほど[A]、**反射するときの減衰**は、周波数が**低い**ほど[B]なる。

	A	B		A	B
1.	大きく	大きく	2.	大きく	小さく
3.	小さく	大きく	4.	小さく	小さく

出題頻度：★☆☆☆☆　☞ 235 ページ参照

問 2　**地表波**の説明で正しいのはどれか。

1. 大地の表面に沿って伝わる電波
2. 見通し距離内の空間を直線的に伝わる電波
3. 電離層を突き抜けて伝わる電波
4. 大地に反射して伝わる電波

出題頻度：★☆☆☆☆　☞ 235 ページ参照

問 3　次の記述の□内に入れるべき字句の組合せで、正しいのはどれか。

短波(HF)帯の電波伝搬において、地上から上空に向かって**垂直に発射**された電波は、[A]より[B]と**電離層を突き抜ける**が、これより[C]と反射して**地上に戻って**くる。

【答】問 1：2，問 2：1

	A	B	C
1.	最低使用可能周波数(LUF)	低い	高い
2.	最低使用可能周波数(LUF)	高い	低い
3.	臨界周波数	低い	高い
4.	臨界周波数	高い	低い

出題頻度：★☆☆☆☆ ☞ 235 ページ参照

問 4 次の記述は、短波の**電離層伝搬**について述べたものである。**正しい**のはどれか。

1. 最低使用可能周波数(LUF)以下の周波数の電波は、電離層の第一種減衰が大きいため、電離層伝搬による通信に使用できない。
2. 最高使用可能周波数(MUF)の 50 パーセントの周波数を最適使用周波数(FOT)という。
3. 最高使用可能周波数(MUF)は、送受信点間の距離が変わっても一定である。
4. 最高使用可能周波数(MUF)は、臨界周波数より低い。

出題頻度：★☆☆☆☆ ☞ 236 ページ参照

問 5 次の記述は短波(HF)の電離層伝搬について述べたものである。正しいのは次のうちどれか。

1. 最高使用可能周波数(MUF)は、臨界周波数より高い。
2. 最高使用可能周波数(MUF)の 50 パーセントの周波数を最適使用周波数(FOT)という。
3. 最高使用可能周波数(MUF)は、送受信点間の距離が変わっても一定である。
4. 最低使用可能周波数(LUF)以下の周波数の電波は、電

【答】問 3：4，問 4：1

離層の第一種減衰がない。

出題頻度：★★★★☆　☞ 236ページ参照

問6　次の記述の□内に入れるべき字句の組合せで正しいのはどれか。

送信所から発射された短波（HF）帯の電波が、[A]で反射されて、初めて地上に達する地点と送信所との地上距離を[B]という。

	A	B		A	B
1.	電離層	跳躍距離	2.	電離層	焦点距離
3.	大地	跳躍距離	4.	大地	焦点距離

出題頻度：★★☆☆☆　☞ 237ページ参照

問7　次の記述の□内に入れるべき字句の組合せで、正しいのはどれか。

送信所から短波帯の電波を発射したとき、[A]が減衰して受信されなくなった地点から、[B]が最初に地表に戻ってくる地点までを**不感地帯**という。

	A	B
1.	地表波	大地反射波
2.	地表波	電離層反射波
3.	直接波	大地反射波
4.	直接波	電離層反射波

出題頻度：★☆☆☆☆　☞ 237ページ参照

問8　**3.5〔MHz〕から28〔MHz〕**までのアマチュアバンドにおいて、遠距離通信に利用する**電波**は、次のうちどれか。

1. 直接波　2. 対流圏波　3. 大地反射波　4. 電離層波

【答】問5：1，問6：1，問7：2

出題頻度：★☆☆☆☆　☞ 237 ページ参照

問 9　次の記述は、短波(HF)帯の電波の**電離層伝搬**について述べたものである。正しいのはどれか。

1. 昼間は低い周波数ではD層とE層を突き抜けてしまうから、高い周波数を用いる。
2. 昼間は高い周波数ではD層とE層に吸収されてしまうから、低い周波数を用いる。
3. 夜間は低い周波数ではE層とF層を突き抜けてしまうから、高い周波数を用いる。
4. 夜間は高い周波数ではE層とF層を突き抜けてしまうから、低い周波数を用いる。

出題頻度：★☆☆☆☆　☞ 237 ページ参照

問 10　**昼間に21〔MHz〕帯**の電波を使用して通信を行っていたが、**夜間**になって遠距離の地域との通信が不能となった。そこで**周波数帯を切り替え**たところ、再び**通信が可能**となった。通信を可能にした周波数帯は、次のうちどれか。

1. 7〔MHz〕帯　　2. 28〔MHz〕帯
3. 50〔MHz〕帯　　4. 144〔MHz〕帯

出題頻度：★★★☆☆　☞ 237 ページ参照

問 11　図は、短波(HF)帯における、ある2地点間の**MUF/LUF 曲線**の例を示したものである。この区間における**12時**(JST)の**最適使用周波数**(FOT)の値として、最も近いのはどれか。ただし、MUFは最高使用可能周波数、LUFは最低使用可能周波数を示す。

＊08時(JST)、MUFが21MHzという設問もある。

　【答】問8：4, 問9：4, 問10：1

1. 21〔MHz〕
2. 18〔MHz〕
3. 17〔MHz〕
4. 3.5〔MHz〕

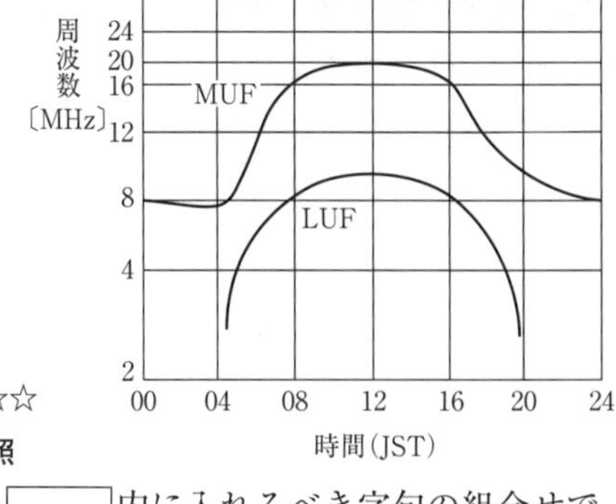

出題頻度：★★☆☆☆

☞ 238 ページ参照

問 12　次の記述の［　　］内に入れるべき字句の組合せで、正しいのはどれか。

(1) 電離層における電波の**第一種減衰**が、**時間と共に変化**するために生じるフェージングを、［ A ］性フェージングという。

(2) 電離層反射波は、地球磁界の影響を受けて、だ円**偏波**となって地上に到達する。このだ円軸が時間的に変化するために生じるフェージングを、［ B ］性フェージングという。

	A	B		A	B
1.	吸収	偏波	2.	吸収	干渉
3.	干渉	跳躍	4.	干渉	偏波

出題頻度：★★★☆☆　☞ 239 ページ参照

問 13　次の記述の［　　］内に入れるべき字句の組合せで、正しいのはどれか。

(1) **D 層**とは、地上約［ A ］〔km〕付近に昼間発生する電離層のことをいう。

【答】問 11：3，問 12：1

(2) **スポラジックE層**とは、地上約 B 〔km〕付近に突発的に発生する電離層のことをいい、我が国では C の昼間に多く発生する。

	A	B	C
1.	30 ～ 50	50	春
2.	60 ～ 90	100	夏
3.	150	200	秋
4.	300	400	冬

出題頻度：★☆☆☆☆ ☞ **234、241 ページ参照**

問 14 次の記述は、**スポラジックE層**について述べたものである。正しいのはどれか。

1. 電子密度は、E 層より大きい。
2. 冬季の昼間に多く発生する。
3. 高さは、D 層とほぼ同じである。
4. マイクロ波(SHF)帯の電波を反射する。

出題頻度：★☆☆☆☆ ☞ **241 ページ参照**

問 15 次の記述の ［　］ 内に入れるべき字句の組合せで、正しいのはどれか。

電離層の**F 層**は、地上約 A 〔km〕付近の高さを中心に存在している。F 層にはF_1層とF_2層があり、F_1層はF_2層より高さが B 。

	A	B		A	B
1.	50	低い	2.	100	高い
3.	300	低い	4.	500	高い

出題頻度：★☆☆☆☆ ☞ **234 ページ参照**

 【答】問 13：2，問 14：1，問 15：3

測　定

問 1　次の記述の［　］内に入れるべき字句の組合せで、正しいのはどれか。

図に示す**熱電対**形電流計の原理図において、aの部分は［ A ］で、bの部分は［ B ］であり、指示計に［ C ］形計器が用いられる。

	A	B	C
1.	サーミスタ	リッツ線	永久磁石可動コイル
2.	サーミスタ	熱電対	誘導
3.	熱線	リッツ線	誘導
4.	熱線	熱電対	永久磁石可動コイル

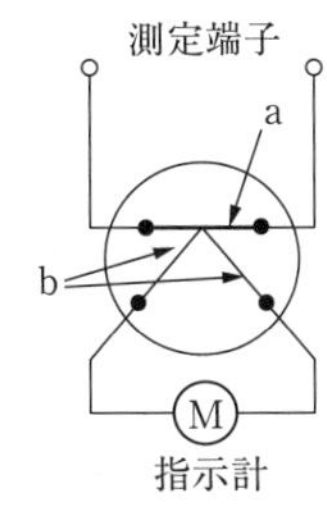

出題頻度：★★☆☆☆　☞ 242ページ参照

問 2　次の記述の［　］内に入れるべき字句の組合せで、正しいのはどれか。

図に示す**熱電対**形電流計は、直流及び交流の［ A ］を測定でき、図中のaの部分のインピーダンスが極めて［ B ］

【答】問1：4

ため高周波電流の測定にも適する。

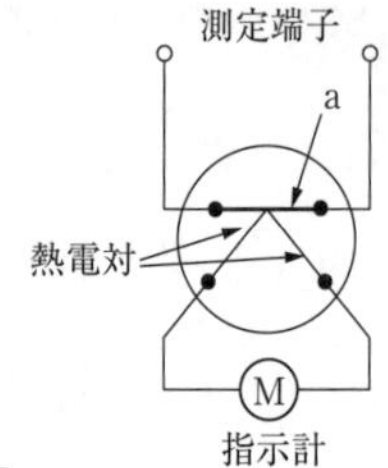

	A	B
1.	実効値	大きい
2.	実効値	小さい
3.	平均値	小さい
4.	平均値	大きい

出題頻度：★☆☆☆☆　☞ 242 ページ参照

問 3　次の記述の［　　］内に入れるべき字句の組合せで、正しいのはどれか。

分流器は［ A ］の**測定範囲を広げる**ために用いられるもので、計器に［ B ］に接続して用いられる。

	A	B		A	B
1.	電流計	並列	2.	電流計	直列
3.	電圧計	並列	4.	電圧計	直列

出題頻度：★☆☆☆☆　☞ 242 ページ参照

問 4　電流計において、分流器の抵抗 R をメータの内部抵抗 r の**4分の1**の値に選ぶと、**測定範囲**は何倍になるか。

1. 3 倍　　2. 4 倍
3. 5 倍　　4. 6 倍

出題頻度：★☆☆☆☆　☞ 243 ページ参照

問 5　最大目盛値**5〔mA〕**、内部抵抗**1.8〔Ω〕**の直流電流計がある。これを最大目盛値が**50〔mA〕**になるようにするには、何オームの**分流器**を用いればよいか。

＊1〔mA〕、0.9〔Ω〕、10〔mA〕という設問もある。

1. 5〔Ω〕　　2. 1〔Ω〕

　【答】問 2：2，問 3：1，問 4：3

3. 0.5〔Ω〕　　4. 0.2〔Ω〕

出題頻度：★★☆☆☆ ☞ 243ページ参照

問6　最大目盛1〔mA〕、内部抵抗0.4〔Ω〕の直流電流計がある。これを最大目盛5〔mA〕になるようにするには、何オームの分流器を用いればよいか。

＊1〔mA〕、0.9〔Ω〕、10〔mA〕という設問もある。

1. 0.01〔Ω〕　　2. 0.02〔Ω〕
3. 0.1〔Ω〕　　4. 0.2〔Ω〕

出題頻度：★★☆☆☆ ☞ 243ページ参照

問7　次の記述の□内に入れるべき字句の組合せで、正しいのはどれか。

倍率器は［ A ］の**測定範囲を広げる**ために用いられるもので、計器に［ B ］に接続して用いる。

	A	B		A	B
1.	電圧計	並列	2.	電流計	直列
3.	電流計	並列	4.	電圧計	直列

出題頻度：★☆☆☆☆ ☞ 243ページ参照

問8　図に示すように、破線で囲んだ電圧計V_0に、V_0の内部抵抗rの**2倍**の値の直列抵抗器（倍率器）Rを接続すると、**測定範囲**はV_0の何倍になるか。＊内部抵抗rの3倍、4倍という設問もある。

1. 2倍
2. 3倍
3. 4倍
4. 5倍

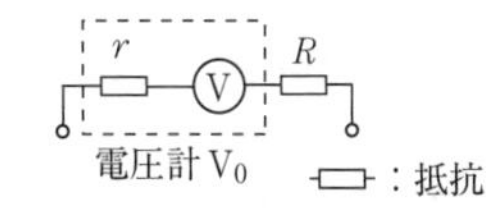

【答】問5：4，問6：3，問7：4

出題頻度：★★★☆☆ ☞ 244ページ参照

問9 内部抵抗**50〔kΩ〕**の電圧計の測定範囲を**20倍**にするには、**直列抵抗器（倍率器）の抵抗値**を幾らにすればよいか。

1. 2.6〔kΩ〕　　2. 25〔kΩ〕
3. 950〔kΩ〕　　4. 1,000〔kΩ〕

出題頻度：★☆☆☆☆ ☞ 244ページ参照

問10 **ディップメータ**の用途で、正しいのは次のうちどれか。

1. アンテナのSWRの測定
2. 同調回路の共振周波数の測定
3. 送信機の占有周波数帯幅の測定
4. 高周波電圧の測定

出題頻度：★☆☆☆☆ ☞ 244ページ参照

問11 **定在波比測定器（SWRメータ）**を使用して、アンテナと同軸給電線の整合状態を正確に調べるとき、同軸**給電線のどの部分に挿入**したらよいか。

1. 同軸給電線の中央の部分
2. 同軸給電線の任意の部分
3. 同軸給電線の、送信機の出力端子に近い部分
4. 同軸給電線の、アンテナの給電点に近い部分

出題頻度：★★☆☆☆ ☞ 245ページ参照

問12 測定器を利用して行う操作のうち、**定在波比測定器（SWRメータ）**が**使用**されるのは、次のうちどれか。

1. 共振回路の共振周波数を測定するとき

　【答】問8：2，問9：3，問10：2，問11：4

2. アンテナと給電線との整合状態を調べるとき
3. 送信周波数を測定するとき
4. 寄生発射の有無を調べるとき

出題頻度：★★★☆☆ ☞ 245 ページ参照

問 13 アンテナへ供給される電力を通過形電力計で測定したら、**進行波**電力が25〔W〕、**反射波**電力が5〔W〕であった。**アンテナへ供給される電力**は幾らか。

1. 15〔W〕　　2. 20〔W〕
3. 25〔W〕　　4. 30〔W〕

出題頻度：★☆☆☆☆ ☞ 246 ページ参照

問 14 **周波数カウンタ**の測定原理として、正しいものは次のうちどれか。

1. コイルと可変コンデンサで構成された同調回路を被測定信号の周波数に共振させたとき、可変コンデンサの目盛りから周波数を読み取る。
2. 同軸管の共振を利用したもので、共振波長と短絡板の位置をあらかじめ校正しておくことにより、短絡板の位置から波長を読み取り周波数を求める。
3. 水晶発振器によって、周波数を正確に校正した補間発振器の高調波と、被測定周波数とのゼロビートを取り、このときの補間発振器の周波数から求める。
4. 基準周波数により一定の時間を区切り、その時間中に含まれる被測定信号のサイクル数を数えて周波数を求める。

出題頻度：★★★★☆ ☞ 247 ページ参照

問 15 図は、**デジタル電圧計**の原理的な構成例を示したも

【答】問 12：2, 問 13：2, 問 14：4

のである。□内に入れるべき字句の組合せで、正しいのはどれか。

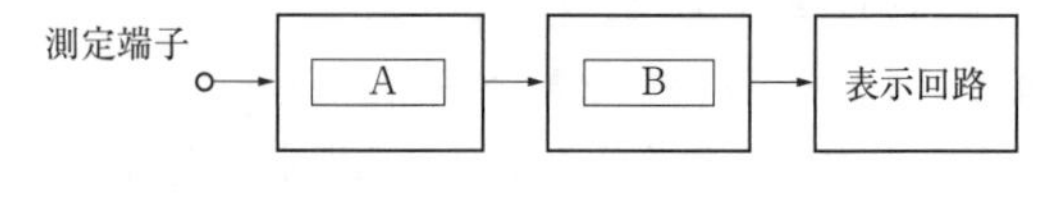

	A	B
1.	A-D 変換器	計数回路
2.	直流増幅器	計数回路
3.	A-D 変換器	検波回路
4.	直流増幅器	検波回路

出題頻度：★☆☆☆☆ ☞ 247 ページ参照

問 16 オシロスコープで図に示すような波形を観測した。この波形の繰り返し周波数の値として、最も近いものは次のうちどれか。ただし、横軸（掃引時間）は、1目盛り当たり 0.5〔ms〕とする。

1. 0.25〔kHz〕
2. 0.5〔kHz〕
3. 1.0〔kHz〕
4. 2.5〔kHz〕

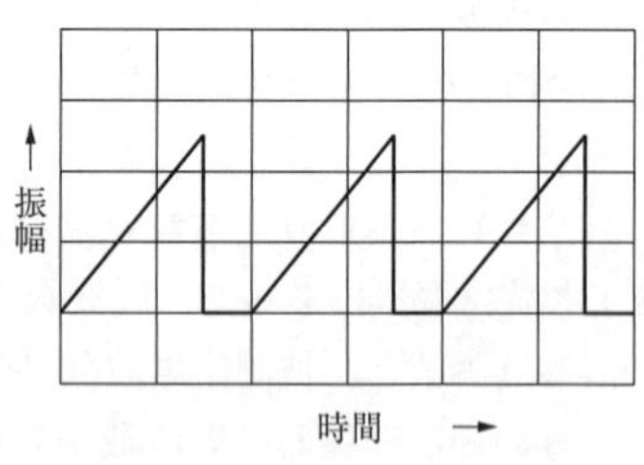

出題頻度：★★☆☆☆ ☞ 248 ページ参照

 【答】問 15：1，問 16：3

第2章

法規の問題集

◎ この問題集は、問題の答となる選択肢をページ下に表示しています。実際のCBT方式の試験では、コンピュータの画面に表示される選択肢の番号をクリックして解答します。
◎ 問題の「☞　○○○ページ参照」は、問題の答となる電波法令の規定などが記載されている第4章(法規の参考書)の該当するページを示しています。
◎ 出題頻度の項は、★の数が多いほど良く出題される問題です。★の数が多い問題は完全にマスターしてください。

電波法の目的・用語の定義

問1　次の記述は、**電波法の目的**について、同法の規定に沿って述べたものである。[　　]内に入れるべき字句を下の番号から選べ。

この法律は、電波の[　　]を確保することによって、公共の福祉を増進することを目的とする。

1. 公平な利用　　2. 能率的な利用
3. 有効な利用　　4. 公平かつ能率的な利用

出題頻度：★★★☆☆　☞ 250 ページ参照

問2　次の記述は、**電波法の目的**について、同法の規定に沿って述べたものである。[　　]内に入れるべき字句を下の番号から選べ。

この法律は、電波の公平かつ[　　]な利用を確保することによって、公共の福祉を増進することを目的とする。

1. 合理的　　2. 経済的
3. 能率的　　4. 積極的

出題頻度：★☆☆☆☆　☞ 250 ページ参照

問3　電波法に規定する**「無線局」の定義**は、次のどれか。

1. 無線設備及び無線設備の操作を行う者の総体をいう。ただし、受信のみを目的とするものを含まない。
2. 送信装置及び受信装置の総体をいう。
3. 送受信装置及び空中線系の総体をいう。
4. 無線通信を行うためのすべての設備をいう。

　【答】問1：4，問2：3

出題頻度：★☆☆☆☆ ☞ 256ページ参照

問4 次の記述は、電波法施行規則に規定する「**アマチュア業務**」の**定義**である。[　　]内に入れるべき字句を下の番号から選べ。

金銭上の利益のためでなく、もっぱら個人的な[　　]の興味によって行う自己訓練、通信及び技術的研究の業務をいう。

1. 無線技術　　2. 通信技術
3. 電波科学　　4. 無線通信

出題頻度：★☆☆☆☆ ☞ 250ページ参照

問5 次の記述は、電波法施行規則に規定する「**送信設備**」の**定義**であるが、[　　]内に入れるべき字句を下の番号から選べ。

送信設備とは、送信装置と[　　]とから成る電波を送る設備をいう。

1. これに付加する装置　　2. 給電線
3. 送信空中線系　　4. 空中線

出題頻度：★☆☆☆☆ ☞ 250ページ参照

問6 次の記述は、電波法施行規則に規定する「**送信装置**」の**定義**であるが、[　　]内に入れるべき字句を下の番号から選べ。

送信装置とは、無線通信の送信のための高周波エネルギーを発生する装置及び[　　]をいう。

1. これに付加する装置　　2. その保護装置
3. 空間へふく射する装置　　4. 送信空中線系

【答】問3：1，問4：1，問5：3，問6：1

出題頻度：★☆☆☆☆ ☞ **256 ページ参照**

問 7 次の記述は、電波法施行規則に規定する「**送信空中線系**」の**定義**であるが、[　　　]内に入れるべき字句を下の番号から選べ。

送信空中線系とは、送信装置の発生する[　　　]を空間へふく射する装置をいう。

1. 電磁波　　2. 高周波エネルギー
3. 寄生発射　　4. 変調周波数

出題頻度：★☆☆☆☆ ☞ **251 ページ参照**

【答】問 7：2

無線局の免許等

問 1 電波法の規定によりアマチュア局の**免許状に記載**される事項は、次のどれか。

1. 工事落成の期限　　2. 通信方式
3. 免許人の住所　　4. 空中線の型式

出題頻度：★☆☆☆☆ ☞ 251 ページ参照

問 2 無線局の**免許状に記載**される**事項でない**ものは、次のどれか。

1. 無線局の目的　　2. 免許人の住所
3. 免許の有効期間　　4. 無線従事者の資格

出題頻度：★★☆☆☆ ☞ 251 ページ参照

問 3 無線局の免許状に**記載**される**事項でない**ものは、次のどれか。

1. 免許人の住所　　2. 通信の相手方及び通信事項
3. 無線局の種別　　4. 空中線の型式

出題頻度：★☆☆☆☆ ☞ 251 ページ参照

問 4 無線局の**免許状に記載**される**事項でない**ものは、次のどれか。

1. 電波の型式及び周波数　　2. 運用許容時間
3. 発振の方式　　4. 空中線電力

出題頻度：★☆☆☆☆ ☞ 251 ページ参照

問 5 日本の国籍を有する人が開設する**アマチュア局の免許の有効期間**は、次のどれか。

【答】 問 1：3，問 2：4，問 3：4，問 4：3

1. 無期限
2. 無線設備が使用できなくなるまで
3. 免許の日から起算して5年
4. 免許の日から起算して10年

出題頻度：★☆☆☆☆ ☞ 251ページ参照

問6 次の記述は、無線局の通信の相手方の変更等に関する電波法の規定である。[ ]内に入れるべき字句を下の番号から選べ。

「免許人は、通信の相手方、通信事項若しくは**無線設備の設置場所を変更**し、又は**無線設備の変更の工事**をしようとするときは、**あらかじめ総務大臣の**[ ]を受けなければならない。」

1. 再免許
2. 許可
3. 審査
4. 指示

出題頻度：★☆☆☆☆ ☞ 252ページ参照

問7 免許人が無線設備の**設置場所を変更**しようとするときの手続は、次のどれか。

1. あらかじめ総務大臣の許可を受ける。
2. あらかじめ総務大臣の指示を受ける。
3. 直ちにその旨を総務大臣に報告する。
4. 直ちにその旨を総務大臣に届け出る。

出題頻度：★☆☆☆☆ ☞ 252ページ参照

問8 免許人が設置場所を変更しようとするときは、どうしなければならないか。正しいものを次のうちから選べ。

1. あらかじめ総務大臣に申請し、その許可を受けなければ

【答】問5：3，問6：2，問7：1

ならない。

2. あらかじめ総務大臣に届け出て、その指示を受けなければならない。

3. あらかじめ免許状の訂正を受けた後、無線設備の設置場所を変更しなければならない。

4. 無線設備の設置場所を変更した後、総務大臣に届け出なければならない。

出題頻度：★★★★★ ☞ 252ページ参照

問 9　次の記述は、無線局の無線設備の設置場所の変更等について述べたものである。［　　］内に入れるべき字句を下の番号から選べ。

免許人は、無線設備の設置場所を変更し，又は無線設備の変更の工事（総務省令で定める軽微な事項を除く。）をしようとするときは、あらかじめ総務大臣の［　　］を受けなければならない。

1. 再免許　　　2. 許可
3. 審査　　　　4. 指示

出題頻度：★☆☆☆☆ ☞ 252ページ参照

問 10　免許人は、**無線設備の変更の工事**（総務省令で定める軽微な事項を除く。）をしようとするときは、どうしなければならないか、正しいものを次のうちから選べ。

1. 適宜工事を行い、工事完了後その旨を総務大臣に届け出なければならない。

2. あらかじめ総務大臣にその旨を届け出なければならない。

3. あらかじめ総務大臣の指示を受けなければならない。

【答】問 7：1，問 8：1，問 9：2

4. あらかじめ総務大臣の許可を受けなければならない。

出題頻度：★★★☆☆ ☞ 252 ページ参照

問 11 アマチュア局の免許人が、総務省令で定める場合を除き、**あらかじめ**総合通信局長（沖縄総合通信事務所長を含む。）の**許可**を受けなければならない場合は、次のどれか。

1. 無線局を廃止しようとするとき。
2. 免許状の訂正を受けようとするとき。
3. 無線局の運用を休止しようとするとき。
4. 無線設備の変更の工事をしようとするとき。

出題頻度：★☆☆☆☆ ☞ 252 ページ参照

問 12 アマチュア局の免許人が、**あらかじめ**総合通信局長（沖縄総合通信事務所長を含む。）の**許可**を受けなければならない場合は、次のどれか。

1. 免許状の訂正を受けようとするとき。
2. 無線局の運用を休止しようとするとき。
3. 無線設備の設置場所を変更しようとするとき。
4. 無線局を廃止しようとするとき。

出題頻度：★☆☆☆☆ ☞ 252 ページ参照

問 13 次の記述は、無線局の**指定事項の変更**について、電波法の規定に沿って述べたものである。［　　］内に入れるべき字句を下の番号から選べ。

総務大臣は、免許人が識別信号、電波の型式、［　　］、空中線電力又は運用許容時間の指定の変更を申請した場合において、混信の除去その他特に必要があると認めるときは、その指定を変更することができる。

【答】問 10：4，問 11：4，問 12：3

1. 通信方式　2. 無線設備　3. 変調方式　4. 周波数

出題頻度：★☆☆☆☆ ☞ 252 ページ参照

問 14 免許人が**周波数の指定の変更**を受けようとするときは、どうしなければならないか、正しいものを次のうちから選べ。

1. 免許状を提出し、訂正を受ける。
2. その旨を申請する。
3. あらかじめその旨を届け出る。
4. あらかじめ指示を受ける。

出題頻度：★★☆☆☆ ☞ 252 ページ参照

問 15 アマチュア局（人工衛星に開設するアマチュア局及び人工衛星に開設するアマチュア局の無線設備を遠隔操作するアマチュア局を除く。）の**再免許の申請**は、いつ行わなければならないか、正しいものを次のうちから選べ。

1. 免許の有効期間満了前1箇月まで
2. 免許の有効期間満了前2箇月まで
3. 免許の有効期間満了前1箇月以上*1年を超えない期間
4. 免許の有効期間満了前2箇月以上1年を超えない期間

＊無線局免許手続規則第18条第1項の改正により令和5年9月25日以降、再免許の申請期間は「1箇月以上6箇月を超えない期間」となっています。

出題頻度：★★★☆☆ ☞ 252 ページ参照

問 16 総務大臣又は総合通信局長（沖縄総合通信事務所長を含む。）が無線局の再免許の申請を行った者に対して、免許を与えるときに指定する事項はどれか。次のうちから選べ。

1. 通信の相手方　2. 空中線の型式及び構成

【答】問 13：4，問 14：2，問 15：3

3. 無線設備の設置場所　　4. 電波の型式及び周波数

出題頻度：★★☆☆☆　☞ 252 ページ参照

問 17　総務大臣又は総合通信局長（沖縄総合通信事務所長を含む。）から無線局の**再免許**が与えられるときに**指定される事項**は、次のどれか。

1. 空中線電力　　2. 発振及び変調の方式
3. 無線設備の設置場所　　4. 空中線の型式及び構成

出題頻度：★☆☆☆☆　☞ 252 ページ参照

問 18　総務大臣又は総合通信局長（沖縄総合通信事務所長を含む。）が無線局の再免許の申請を行った者に対して、免許を与えるときに指定する事項でないものはどれか。次のうちから選べ。

1. 運用許容時間　　2. 電波の型式及び周波数
3. 空中線電力　　4. 無線設備の設置場所

出題頻度：★☆☆☆☆　☞ 252 ページ参照

問 19　次の記述は、電波法の規定である。［　　］内に入れるべき字句を下の番号から選べ。

「無線局の免許等がその**効力を失った**ときは、免許人等であった者は、［　　］**空中線を撤去**、その他の総務省令で定める電波の発射を防止するために必要な措置を講じなければならない。」

1. 遅滞なく　　2. 適当な時期に
3. 10 日以内に　　4. 1 か月以内に

出題頻度：★☆☆☆☆　☞ 253 ページ参照

問 20　無線局の免許がその**効力を失った**とき、免許人であ

　【答】問 16：4，問 17：1，問 18：4，問 19：1

った者が遅滞なくとらなければならない措置は、次のどれか。

1. 空中線を撤去する。　　2. 無線設備を撤去する。
3. 送信装置を撤去する。　　4. 受信装置を撤去する。

出題頻度：★☆☆☆☆　☞ 253ページ参照

【答】問20：1

無線設備

問 1　**電波の質**を表すものとして、電波法に規定されているものは、次のどれか。

1. 空中線電力の偏差　　2. 高調波の強度
3. 信号対雑音比　　4. 変調度

出題頻度：★☆☆☆☆　☞ 253 ページ参照

問 2　次の記述は、送信設備に使用する電波の質について述べたものである。電波法の規定に照らし、[　　　]内に入れるべき字句を下の番号から選べ。

送信設備に使用する電波の[　　　]及び幅、高調波の強度等電波の質は、総務省令で定めるところに適合するものでなければならない。

1. 総合周波数特性　　2. 周波数の偏差
3. 変調度　　4. 型式

出題頻度：★★☆☆☆　☞ 253 ページ参照

問 3　次の記述は、送信設備に使用する電波の質について述べたものである。電波法の規定に照らし、[　　　]内に入れるべき字句を下の番号から選べ。

送信設備に使用する電波の[　　　]等電波の質は、総務省令で定めるところに適合するものでなければならない。

1. 周波数の偏差及び安定度
2. 周波数の偏差、空中線電力の偏差
3. 周波数の偏差及び幅、空中線電力の偏差

　【答】問 1：2，問 2：2

4. 周波数の偏差及び幅、高調波の強度

出題頻度：★☆☆☆☆ ☞ 253ページ参照

問4 次の記述は、送信設備に使用する電波の質について述べたものである。電波法の規定に照らし、［　　］内に入れるべき字句を下の番号から選べ。

送信設備に使用する電波の周波数の偏差及び幅、［　　］等電波の質は、総務省令で定めるところに適合するものでなければならない。

1. 電波の型式　　2. 信号対雑音比
3. 高調波の強度　　4. 変調度

出題頻度：★☆☆☆☆ ☞ 253ページ参照

問5 単一チャネルのアナログ信号で振幅変調した抑圧搬送波による**単側波帯の電話**（音響の放送を含む。）の電波の型式を表示する記号は、次のどれか。

1. A1A　　2. J3E
3. F2A　　4. F3E

出題頻度：★☆☆☆☆ ☞ 254ページ参照

問6 デジタル信号の単一チャネルのものであって変調のための副搬送波を使用しない振幅変調の両側波帯の聴覚受信を目的とする**電信の電波**の型式を表示する記号は、次のどれか。

1. A1A　　2. J3E
3. F2A　　4. F3E

出題頻度：★☆☆☆☆ ☞ 254ページ参照

問7 電波の型式を表示する記号で、電波の主搬送波の変

【答】問3：4，問4：3，問5：2，問6：1

調の型式が**振幅変調で両側波帯のもの**、主搬送波を変調する信号の性質がデジタル信号である単一チャネルのものであって変調のための副搬送波を使用しないもの及び伝送情報の型式が**電信**であって**聴覚受信**を目的とするものは、次のどれか。

1. A1A　　2. J3E
3. F2A　　4. F3E

出題頻度：★☆☆☆☆ ☞ 254ページ参照

問8 電波の型式A1Aの電波を使用する送信設備の空中線電力は、総務大臣が別に定めるものを除き、どの電力をもって表示することになっているか、正しいものを次のうちから選べ。

1. 平均電力　　2. 実効幅(ふく)射電力
3. 尖(せん)頭電力　　4. 搬送波電力

出題頻度：★☆☆☆☆ ☞ 254ページ参照

問9 電波の型式J3Eの電波を使用する送信設備の空中線電力は、総務大臣が別に定めるものを除き、どの電力をもって表示することになっているか、正しいものを次のうちから選べ。

1. 尖(せん)頭電力　　2. 平均電力
3. 規格電力　　4. 搬送波電力

出題頻度：★★☆☆☆ ☞ 254ページ参照

問10 電波の型式F3Eの電波を使用する送信設備の空中線電力は、総務大臣が別に定めるものを除き、どの電力をもって表示することになっているか、正しいものを次のうちから

　【答】問7：1，問8：3，問9：1

選べ。

1. 実効輻射電力　　2. 搬送波電力
3. 尖頭電力　　4. 平均電力

出題頻度：★☆☆☆☆ ☞ 255ページ参照

問 11 アマチュア局の送信設備で470MHz以下の周波数の電波を使用するものの**空中線電力の許容偏差**は、次のどれか。

1. 上限10%　　下限50%
2. 上限15%　　下限15%
3. 上限20%　　下限なし
4. 上限50%　　下限なし

出題頻度：★☆☆☆☆ ☞ 256ページ参照

問 12 次の記述は、周波数の安定のための条件に関する無線設備規則の規定である。［　　］内に入れるべき字句を下の番号から選べ。

周波数をその許容偏差内に維持するため、［　　］は、できる限り**外囲の温度若しくは湿度の変化**によって影響を受けないものでなければならない。

1. 整流回路
2. 増幅回路
3. 発振回路の方式
4. 変調回路の方式

出題頻度：★☆☆☆☆ ☞ 256ページ参照

問 13 アマチュア局の手送り電鍵操作による送信装置は、**どのような通信速度**でできる限り**安定に動作**するものでなけ

【答】問10：4，問11：3，問12：3

ればならないか、正しいものを次のうちから選べ。

1. 通常使用する通信速度
2. その最高運用通信速度より10パーセント速い通信速度
3. 25ボーの通信速度
4. 50ボーの通信速度

出題頻度：★☆☆☆☆ ☞ 257ページ参照

問14 アマチュア局の**送信装置の条件**として無線設備規則に規定されているものは、次のどれか。

1. 空中線電力を低下させる機能を有してはならない。
2. 通信に秘匿性を与える機能を有してはならない。
3. 通信方式に変更を生じさせるものであってはならない。
4. 変調特性に支障を与えるものであってはならない。

出題頻度：★☆☆☆☆ ☞ 257ページ参照

問15 次の記述は、周波数測定装置の備え付けを要しない送信設備に関する電波法施行規則の規定である。[　　]内に入れるべき字句を下の番号から選べ。

アマチュア局の送信設備であって、当該設備から発射される電波の特性周波数を[　　]パーセント以内の誤差で測定することにより、その電波の占有する周波数帯幅が、当該無線局が動作することを許される周波数帯内にあることを確認することができる装置を備え付けているもの。

1. 0.1　　2. 0.01
3. 0.05　　4. 0.025

出題頻度：★☆☆☆☆ ☞ 257ページ参照

 【答】問13：1，問14：2，問15：4

無線従事者

問 1　**第三級アマチュア無線技士の資格を有する者が操作を行うことができる無線設備の最大空中線電力はどれか**、正しいものを次のうちから選べ。

1. 10 ワット以下　　2. 25 ワット以下
3. 50 ワット以下　　4. 100 ワット以下

出題頻度：★★☆☆☆ ☞ 258 ページ参照

問 2　**第三級アマチュア無線技士の資格を有する者が操作を行うことができる無線設備は、次のどの周波数を使用するものか。**

1. 18 メガヘルツ以上又は 8 メガヘルツ以下の周波数
2. 18 メガヘルツ以下の周波数
3. 8 メガヘルツ以上 18 メガヘルツ以下の周波数
4. 8 メガヘルツ以上の周波数

出題頻度：★★★☆☆ ☞ 258 ページ参照

問 3　**無線従事者は、無線通信の業務に従事しているとき、免許証をどのようにしていなければならないか**、正しいものを次のうちから選べ。

1. 携帯する。
2. 無線局に備え付ける。
3. 通信室内に保管する。
4. 送信装置のある場所の見やすい箇所に掲げる。

出題頻度：★★★☆☆ ☞ 258 ページ参照

【答】問 1：3，問 2：1，問 3：1

問 4 無線従事者が**免許証の再交付**を受けなければならないのは、**どの場合**か、正しいものを次のうちから選べ。

1. 氏名を変更したとき。
2. 本籍地を変更したとき。
3. 現住所を変更したとき。
4. 他の無線従事者の資格を取得したとき。

出題頻度：★☆☆☆☆ ☞ 258 ページ参照

問 5 第三級アマチュア無線技士の資格を有する者が**氏名に変更**を生じたときは、**免許証の再交付**を受けなければならないが、このために必要な提出書類を次のうちから選べ。

1. 所定の様式の申請書及び免許証
2. 所定の様式の申請書、免許証、写真 1 枚及び氏名の変更の事実を証する書類
3. 適宜の様式の申請書、免許証及び戸籍謄本
4. 適宜の様式の申請書、免許証及び氏名の変更の事実を証する書類

出題頻度：★☆☆☆☆ ☞ 258 ページ参照

問 6 無線従事者は、免許証の再交付を受けた後、失った免許証を発見したときは、どうしなければならないか。正しいものを次のうちから選べ。

1. 再交付を受けた免許証を 1 か月以内に返納する。
2. 発見した免許証を速やかに廃棄処分し、その旨を報告する。
3. 発見した免許証を 10 日以内に返納する。
4. 発見した免許証を 1 か月以内に返納する。

 【答】問 4：1，問 5：2

出題頻度：★★☆☆☆ ☞ 259ページ参照

問7 無線従事者がその免許証を返納しなければならない場合は、次のどれか。

1. 無線設備の操作を5年以上行わなかったとき。
2. 無線従事者の免許を受けた日から5年が経過したとき。
3. 無線従事者の業務に従事することについて停止の処分を受けたとき。
4. 無線従事者の免許の取消しの処分を受けたとき。

出題頻度：★★★☆☆ ☞ 259ページ参照

【答】問6：3，問7：4

運　用

問 1　アマチュア局がその**免許状に記載された目的**又は通信の相手方若しくは通信事項の範囲を**超えて行うことができる**通信は、次のどれか。

1. 宇宙無線通信　　2. 非常通信
3. 電気通信業務の通信　　4. 国際通信

出題頻度：★☆☆☆☆　☞ 260 ページ参照

問 2　アマチュア局を運用する場合は、電波法の規定により、遭難通信を行う場合を除き、免許状に記載されたところによらなければならないことになっているが、次のうち**免許状に記載されていない**ものはどれか。

1. 電波の型式及び周波数　　2. 呼出符号
3. 通信方式　　4. 無線設備の設置場所

出題頻度：★☆☆☆☆　☞ 252、260 ページ参照

問 3　**アマチュア局を運用する場合**において、電波法の規定により**無線設備の設置場所**は、遭難通信を行う場合を除き、次のどの書類に記載されたところによらなければならないか。

1. 無線局免許申請書　　2. 無線局事項書
3. 免許状　　4. 免許証

出題頻度：★★★★☆　☞ 260 ページ参照

問 4　**アマチュア局を運用する場合**において、電波法の規定により、**識別信号**（呼出符号、呼出名称等をいう。）は、遭

【答】問 1：2，問 2：3，問 3：3

難通信を行う場合を除き、次のどの書類に記載されたところによらなければならないか。

1. 免許証　　2. 無線局事項書
3. 無線局免許申請書　　4. 免許状

出題頻度：★☆☆☆☆ ☞ 260 ページ参照

問 5 **アマチュア局を運用する場合**において、電波法の規定により、**呼出符号**は、遭難通信を行う場合を除き、次のどの書類に記載されたところによらなければならないか。

1. 無線局免許申請書　　2. 免許証
3. 免許状　　4. 無線局事項書

出題頻度：★☆☆☆☆ ☞ 260 ページ参照

問 6 **アマチュア局を運用する場合**において、電波法の規定により、**電波の型式及び周波数**は、遭難通信を行う場合を除き、次のどの書類に記載されたところによらなければならないか。

1. 無線局事項書　　2. 無線局免許申請書
3. 免許状　　4. 免許証

出題頻度：★★★☆☆ ☞ 260 ページ参照

問 7 **アマチュア局を運用する場合**、電波法の規定により**空中線電力**は、遭難通信を行う場合を除き、次のどれによらなければならないか。

1. 免許状に記載されたものの範囲内で通信を行うため必要最小のもの
2. 免許状に記載されたものの範囲内で適当なもの
3. 通信の相手方となる無線局が要求するもの

【答】問 4：4，問 5：3，問 6：3

4. 無線局免許申請書に記載したもの

出題頻度：★★★☆☆ ☞ 260 ページ参照

問 8 アマチュア局の行う通信に**使用してはならない用語**は、次のうちどれか。

1. 業務用語　　2. 普通語
3. 暗語　　4. 略語

出題頻度：★☆☆☆☆ ☞ 260 ページ参照

問 9 次の記述は、秘密の保護に関する電波法の規定である。[　　]内に入れるべき字句を下の番号から選べ。

何人も法律に別段の定めがある場合を除くほか、[　　]に対して行われる無線通信を**傍受**してその**存在若しくは内容**を漏らし、又はこれを窃用してはならない。

1. すべての無線局
2. すべての相手方
3. 特定の相手方
4. 総務大臣が告示する無線局

出題頻度：★★★★☆ ☞ 261 ページ参照

問 10 次の記述は、秘密の保護に関する電波法の規定である。[　　]内に入れるべき字句を下の番号から選べ。

何人も法律に別段の定めがある場合を除くほか、**特定の相手方**に対して行われる無線通信を[　　]してその**存在若しくは内容**を漏らし、又はこれを窃用してはならない。

1. 記録　　2. 中継
3. 傍受　　4. 盗聴

出題頻度：★☆☆☆☆ ☞ 261 ページ参照

 【答】問 7：1，問 8：3，問 9：3，問 10：3

問 11　次の記述は、秘密の保護に関する電波法の規定である。[　　]内に入れるべき字句を下の番号から選べ。

何人も法律に別段の定めがある場合を除くほか、**特定の相手方**に対して行われる無線通信を**傍受**してその[　　]を漏らし、又はこれを窃用してはならない。

1. 情報　　　　2. 通信事項
3. 相手方及び記録　　　　4. 存在若しくは内容

出題頻度：★☆☆☆☆　☞ 261 ページ参照

問 12　次の記述は、無線通信の原則に関する無線局運用規則の規定である。[　　]内に入れるべき字句を下の番号から選べ。

無線通信は、**正確に行う**ものとし、通信上の誤りを知ったときは、[　　]

1. 初めから更に送信しなければならない。
2. 通報の送信が終わった後、訂正箇所を通知しなければならない。
3. 直ちに訂正しなければならない。
4. 適宜に通報の訂正を行わなければならない。

出題頻度：★☆☆☆☆　☞ 261 ページ参照

問 13　無線局運用規則において、**無線通信の原則**として規定されているものは、次のどれか。

1. 無線通信は、長時間継続して行ってはならない。
2. 無線通信に使用する用語は、できる限り簡潔でなければならない。
3. 無線通信は、有線通信を利用することができないときに

【答】問 11：4，問 12：3

限り行うものとする。

4. 無線通信を行う場合においては、略符号以外の用語を使用してはならない。

出題頻度：★☆☆☆☆ ☞ **261 ページ参照**

問 14　無線局運用規則において、**無線通信の原則**として規定されているものは、次のどれか。

1. 無線通信は、できる限り業務用語を使用して簡潔に行わなければならない。
2. 無線通信は、迅速に行うものとし、できる限り速い通信速度で行わなければならない。
3. 無線通信は、試験電波を発射した後でなければ行ってはならない。
4. 無線通信を行うときは、自局の識別信号を付して、その出所を明らかにしなければならない。

出題頻度：★☆☆☆☆ ☞ **261 ページ参照**

問 15　無線通信の原則として**無線局運用規則に規定されていないもの**は、次のどれか。

1. 無線通信は、正確に行うものとし、通信上の誤りを知ったときは、通報終了後一括して訂正しなければならない。
2. 必要のない無線通信は、これを行ってはならない。
3. 無線通信に使用する用語は、できる限り簡潔でなければならない。
4. 無線通信を行うときは、自局の呼出符号を付して、その出所を明らかにしなければならない。

出題頻度：★☆☆☆☆ ☞ **261 ページ参照**

　【答】問 13：2，問 14：4，問 15：1

問 16　モールス無線通信において、「こちらは、**受信証**を送ります。」を示すQ符号をモールス符号で表したものは、次のどれか。

1. −−・−　・・・　・−・・
2. −−・−　・・・　・・−
3. −−・−　・・・　・・・−
4. −−・−　・・・　・−−

注　モールス符号の点、線の長さ及び間隔は、簡略化してある。

出題頻度：★☆☆☆☆　☞ 262、278 ページ参照

問 17　モールス無線通信において、「**当局名**は、…です。」を示すQ符号をモールス符号で表したものは、次のどれか。

1. −−・−　・−・　−・−
2. −−・−　・・・　・−−
3. −−・−　−　・・・・
4. −−・−　・−・　・−

注　モールス符号の点、線の長さ及び間隔は、簡略化してある。

出題頻度：★☆☆☆☆　☞ 262、278 ページ参照

問 18　モールス無線通信において、欧文通信の**訂正符号**を示す略符号をモールス符号で表したものは、次のどれか。

1. −・・・−
2. ・・・・・・・・
3. ・−・−・
4. ・・・−・−

【答】問 16：1，問 17：4

注　モールス符号の点、線の長さ及び間隔は、簡略化してある。

出題頻度：★☆☆☆☆　☞ 262、278 ページ参照

問 19　モールス無線通信において、「そちらの**信号の強さ**は、**非常に強い**です。」を示すＱ符号をモールス符号で表したものは、次のどれか。

1. －－・－　・－・　－－　・－－－－
2. －－・－　・－・　－・　・－－－－
3. －－・－　・－・　－・－　・・・・・
4. －－・－　・・・　・－　・・・・・

注　モールス符号の点、線の長さ及び間隔は、簡略化してある。

出題頻度：★★☆☆☆　☞ 263、278 ページ参照

問 20　モールス無線通信において、「こちらは、**非常に強い空電**に妨げられています。」を示すＱ符号をモールス符号で表したものは、次のどれか。

1. －－・－　・－・　－－　・－－－－
2. －－・－　・－・　－・　・・・・・
3. －－・－　・－・　－・－　・－－－－
4. －－・－　・・・　・－　・・・・・

注　モールス符号の点、線の長さ及び間隔は、簡略化してある。

出題頻度：★☆☆☆☆　☞ 262、278 ページ参照

問 21　モールス無線通信において、「そちらの伝送は、**非常に強い混信**を受けています。」を示すＱ符号をモールス符

【答】問 18：2，問 19：4，問 20：2

号で表したものは、次のどれか。

1. −−・−　・−・　−−　・・・・・
2. −−・−　・−・　−・　・−−−−
3. −−・−　・−・　−・−　・−−−−
4. −−・−　・・・　・−　・・・・・

注　モールス符号の点、線の長さ及び間隔は、簡略化してある。

出題頻度：★☆☆☆☆　☞ 262、278 ページ参照

問 22　モールス無線通信において、「そちらの信号の**明りょう度は、非常に良い**です。」を示すQ符号をモールス符号で表したものは、次のどれか。

1. −−・−　・−・　−−　・−−−−
2. −−・−　・−・　−・　・−−−−
3. −−・−　・−・　−・−　・・・・・
4. −−・−　・・・　・−　・・・・・

注　モールス符号の点、線の長さ及び間隔は、簡略化してある。

出題頻度：★☆☆☆☆　☞ 262、278 ページ参照

問 23　モールス無線通信において、**通報の送信を終わるとき**に使用する略符号をモールス符号で表したものは、次のどれか。

1. −−−　−・−
2. −　・・−
3. ・−・−・
4. −・　・・　・−・・

【答】問 21：1，問 22：3

注　モールス符号の点、線の長さ及び間隔は、簡略化してある。

出題頻度：★☆☆☆☆　☞ 263、286 ページ参照

問 24　モールス無線通信において、**通報を確実に受信**したときに送信する略符号をモールス符号で表したものは、次のどれか。

1. ・・・－・－
2. ・－・
3. －－－　－・－
4. －　・・－

注　モールス符号の点、線の長さ及び間隔は、簡略化してある。

出題頻度：★★☆☆☆　☞ 264、286 ページ参照

問 25　無線局が相手局を呼び出そうとするときは、遭難通信等を行う場合を除き、一定の周波数によって聴守し、他の通信に**混信を与えないことを確かめ**なければならないが、この場合において聴守しなければならない周波数は、次のどれか。

1. 自局の発射しようとする電波の周波数その他必要と認める周波数
2. 自局に指定されているすべての周波数
3. 他の既に行われている通信に使用されている周波数であって、最も感度の良いもの
4. 自局の付近にある無線局において使用する電波の周波数

出題頻度：★☆☆☆☆　☞ 264 ページ参照

問 26　無線局は、相手局を呼び出そうとする場合において、

　【答】問 23：3，問 24：2，問 25：1

他の通信に**混信を与える**おそれがあるときは、どうしなければならないか、無線局運用規則の規定により正しいものを次のうちから選べ。

1. 混信を与えないように注意しながら呼出しをしなければならない。
2. 空中線電力を低下させた後で呼出しをしなければならない。
3. その通信の終了した後でなければ呼出しをしてはならない。
4. 他の通信が行われているときは、少なくとも3分間待った後でなければ呼出しをしてはならない。

出題頻度：★☆☆☆☆ ☞ 264ページ参照

問27 次の「　」内は、アマチュア局のモールス無線通信において、**相手局(1局)を呼び出す場合**に順次送信する事項である。□内に入れるべき字句を下の番号から選べ。

「 1	相手局の呼出符号	□
2	DE	1回
3	自局の呼出符号	3回以下 」

1. 1回
2. 2回以下
3. 2回
4. 3回以下

出題頻度：★★★☆☆ ☞ 265ページ参照

問28 次の「　」内は、アマチュア局のモールス無線通信において、免許状に記載された通信の相手方である**無線局を**

【答】問26：3，問27：4

一括して呼び出す場合に順次送信する**事項**である。□内に入れるべき字句を下の番号から選べ。

「　1　CQ　　　　　　　　3回
　　2　DE　　　　　　　　1回
　　3　自局の呼出符号　　□
　　4　K　　　　　　　　 1回　　」

1. 5回
2. 3回以下
3. 2回
4. 1回

出題頻度：★☆☆☆☆　☞ 265ページ参照

問29　次の「　　」内は、アマチュア局のモールス無線通信において、免許状に記載された通信の相手方である**無線局を一括して呼び出す場合**に順次送信する**事項**である。□内に入れるべき字句を下の番号から選べ。

「　1　CQ　　　　　　　　□
　　2　DE　　　　　　　　1回
　　3　自局の呼出符号　　3回以下
　　4　K　　　　　　　　 1回　　」

1. 2回以下
2. 3回
3. 5回以下
4. 10回以下

出題頻度：★☆☆☆☆　☞ 265ページ参照

問30　アマチュア局が**空中線電力50ワット以下**のモールス

【答】問28：2，問29：2

無線通信を使用して呼出しを行う場合において、**確実に連絡の設定ができる**と認められるとき、**呼出し**は、次のどれによることができるか。

1. 相手局の呼出符号　　3回以下
2. (1) DE
   (2) 自局の呼出符号　　3回以下
3. 自局の呼出符号　　3回以下
4. (1) 相手局の呼出符号　　3回以下
   (2) DE

出題頻度：★☆☆☆☆　☞ 265ページ参照

問 31　アマチュア局が**呼出しを反復しても応答がない**場合、**呼出しを再開**するには、できる限り、少なくとも**何分間の間隔**をおかなければならないと定められているか、正しいものを次のうちから選べ。

1. 2分間　　2. 3分間
3. 5分間　　4. 10分間

出題頻度：★☆☆☆☆　☞ 266ページ参照

問 32　無線局は、**自局の呼出しが他の既に行われている通信に混信を与える旨の通知を受けたとき**は、どうしなければならないか、正しいものを次のうちから選べ。

1. 空中線電力を小さくして、注意しながら呼出しを行う。
2. 中止の要求があるまで呼出しを反復する。
3. 混信の度合いが強いときに限り、直ちにその呼出しを中止する。
4. 直ちにその呼出しを中止する。

【答】問30：1，問31：2

出題頻度：★★☆☆☆ ☞ 266 ページ参照

問 33 次の「　　」内は、アマチュア局のモールス無線通信において、**応答する場合に順次送信する事項**である。［　　］内に入れるべき字句を下の番号から選べ。

「　1　相手局の呼出符号　　3回以下
　　2　DE　　　　　　　　1回
　　3　自局の呼出符号　　［　　］　」

1. 1回
2. 2回
3. 3回
4. 3回以下

出題頻度：★☆☆☆☆ ☞ 266 ページ参照

問 34 次の「　　」内は、アマチュア局のモールス無線通信において、**応答する場合に順次送信する事項**である。［　　］内に入れるべき字句を下の番号から選べ。

「　1　相手局の呼出符号　　［　　］
　　2　DE　　　　　　　　1回
　　3　自局の呼出符号　　1回　」

1. 数回
2. 3回以下
3. 5回
4. 10回以下

出題頻度：★☆☆☆☆ ☞ 266 ページ参照

問 35 空中線電力**50ワット以下**のモールス無線通信を使用して応答を行う場合において、**確実に連絡の設定ができると**

　【答】問 32：4，問 33：1，問 34：2

認められるとき、**応答**は、次のどれによることができるか。

1. K
2. (1)　DE
   (2)　自局の呼出符号　　1回
3. 相手局の呼出符号　　3回以下
4. (1) 相手局の呼出符号　　3回以下
   (2) DE

出題頻度：★☆☆☆☆　☞ 266ページ参照

問36　アマチュア局のモールス無線通信において、**応答に際し10分以上後でなければ通報を受信することができない事由があるときに、応答事項の次に送信する**ものは、次のどれか。

1. 「$\overline{\text{AS}}$」、分で表す概略の待つべき時間及びその理由
2. 「K」及び分で表す概略の待つべき時間
3. 「K」及び通報を受信することができない事由
4. 「$\overline{\text{AS}}$」及び呼出しを再開すべき時刻

出題頻度：★☆☆☆☆　☞ 267ページ参照

問37　次の記述は、モールス無線通信における無線局の応答について述べたものである。[　　　]内に入れるべき字句を下の番号から選べ。

無線局は、自局に対する呼出しを受信した場合において**直ちに通報を受信できない事由があるときは、応答事項の次に**[　　　]及び分で表す概略の待つべき時間を送信するものとする。

1. VVV　　　2. $\overline{\text{AS}}$

【答】問35：2，問36：1

3. $\overline{\text{HH}}$　　　　　　　　　4. EX

出題頻度：★☆☆☆☆　☞ 267ページ参照

問 38　モールス無線通信で自局に対する呼出しを受信した場合において、**呼出局の呼出符号が不確実**であるときは、次のどれによらなければならないか。

1. 応答事項のうち相手局の呼出符号の代わりに「QRA?」を使用して、直ちに応答する。
2. 応答事項のうち相手局の呼出符号の代わりに「QRZ?」を使用して、直ちに応答する。
3. 呼出局の呼出符号が確実に判明するまで応答しない。
4. 応答事項のうち相手局の呼出符号を省略して、直ちに応答する。

出題頻度：★☆☆☆☆　☞ 267ページ参照

問 39　モールス無線通信において、**自局に対する呼出しであることが確実でない**呼出しを受信したときは、どうしなければならないか、正しいものを次のうちから選べ。

1. 「QRA?」を使用して直ちに応答する。
2. その呼出しが反復され、かつ、自局に対する呼出しであることが確実に判明するまで応答してはならない。
3. 「QRU?」を使用して直ちに応答する。
4. 「QRZ?」を使用して直ちに応答する。

出題頻度：★☆☆☆☆　☞ 267ページ参照

問 40　アマチュア局のモールス無線通信において、**長時間継続して通報を送信するときに、10分ごとを標準**として適当に**送信**しなければならない**事項**は、次のどれか。

　【答】問37：2，問38：2，問39：2

1. 相手局の呼出符号
2. 自局の呼出符号
3. (1) DE
   (2) 自局の呼出符号
4. (1) 相手局の呼出符号
   (2) DE
   (3) 自局の呼出符号

出題頻度：★★★☆☆ ☞ 268 ページ参照

問 41 アマチュア局は、モールス無線通信において**長時間継続して通報**を送信するときは、何分ごとを標準として適当に「DE」及び自局の呼出符号を送信しなければならないか、正しいものを次のうちから選べ。

1. 5 分
2. 10 分
3. 15 分
4. 20 分

出題頻度：★☆☆☆☆ ☞ 268 ページ参照

問 42 次の記述は、モールス無線通信における長時間の送信について述べたものである。[　　　]内に入れるべき字句を下の番号から選べ。

無線局は、**長時間継続して通報を送信するときは、**30分**(アマチュア局にあっては10分) ごとを標準**として適当に[　　　]**を送信**しなければならない。

1. 「DE」及び自局の呼出符号
2. 自局の呼出符号
3. 相手局の呼出符号及び自局の呼出符号
4. 相手局の呼出符号

【答】問 40：3，問 41：2

出題頻度：★☆☆☆☆ ☞ 268 ページ参照

問 43 モールス通信における手送りによる欧文の送信中において誤った送信をしたことを知ったときには、どうしなければならないか。正しいものを次のうちから選べ。

＊「RPT」を前置して、誤った誤字から更に送信する」、「そのまま送信を継続し、信終了後「RPT」を前置して、訂正箇所を示して正しい語字を送信する。」という選択肢もある。

1. 「$\overline{\text{HH}}$」を前置して、誤って送信した語字から更に送信しなければならない。
2. 「$\overline{\text{HH}}$」を前置して、正しく送信した語字から更に送信しなければならない。
3. 「$\overline{\text{SN}}$」を前置して、誤って送信した語字から更に送信しなければならない。
4. 「$\overline{\text{SN}}$」を前置して、正しく送信した語字から更に送信しなければならない。

出題頻度：★★★☆☆ ☞ 268 ページ参照

問 44 モールス無線通信において、通報の送信を終了し、他に送信すべき**通報がないことを通知**しようとするときは、送信した通報に続いて、どの事項を送信して行うことになっているか、正しいものを次のうちから選べ。

1. QSK　K
2. EX（3 回）DE　　自局の呼出符号（1 回）
3. 「VVV」の連続　　自局の呼出符号
4. NIL　K

出題頻度：★★★★☆ ☞ 264、268 ページ参照

【答】問 42：1，問 43：2，問 44：4

問 45 次の「　　　」内は、無線局がモールス無線通信により**試験電波を発射する場合に送信する事項**の一部である。□内に入れるべき字句を下の番号から選べ。

「1　EX　　　　　　□
　2　DE　　　　　　1回
　3　自局の呼出符号　3回」

1. 3回
2. 2回以下
3. 2回
4. 1回

出題頻度：★☆☆☆☆　☞ 269ページ参照

問 46 次の「　　　」内は、無線局がモールス無線通信により**試験電波を発射する場合に送信する事項**の一部である。□内に入れるべき字句を下の番号から選べ。

「1　EX　　　　　　3回
　2　DE　　　　　　1回
　3　自局の呼出符号　□」

1. 3回
2. 2回以下
3. 2回
4. 1回

出題頻度：★★★★☆　☞ 269ページ参照

問 47 無線局がなるべく**疑似空中線回路を使用**しなければならないのは、次のどの場合か。

1. 工事設計書に記載された空中線を使用できないとき。

【答】問 45：1，問 46：1

2. 無線設備の機器の試験又は調整を行うために運用するとき。
3. 無線設備の機器の取替え又は増設の際に運用するとき。
4. 他の無線局の通信に妨害を与えるおそれがあるとき。

出題頻度：★★☆☆☆ ☞ 269 ページ参照

問 48　電波の発射を必要とするモールス無線通信の機器の**調整中**、しばしばその電波の周波数により**聴守を**行って確かめなければならないのは、次のどれか。
1. 他の無線局から停止の要求がないかどうか。
2. 受信機が最良の感度に調整されているかどうか。
3. 周波数の偏差が許容値を超えていないかどうか。
4. 「VVV」の連続及び自局の呼出符号の送信が 10 秒間を超えていないかどうか。

出題頻度：★★☆☆☆ ☞ 269 ページ参照

問 49　無線局は、無線設備の機器の**試験又は調整のための電波の発射**が他の**既に行われている通信に混信**を与える旨の通知を受けたときは、どうしなければならないか。正しいものを次のうちから選べ。
1. 空中線電力を低下しなければならない。
2. 直ちにその発射を中止しなければならない。
3. 10 秒間を超えて電波を発射しないように注意しなければならない。
4. その通知に対して直ちに応答しなければならない。

出題頻度：★★☆☆☆ ☞ 277 ページ参照

問 50　モールス無線通信における**非常の場合の無線通信**に

　【答】問 47：2，問 48：1，問 49：2

おいて、連絡を設定するための呼出し又は応答は、呼出事項又は応答事項に「$\overline{\text{OSO}}$」を**何回前置**して行うことになっているか、正しいものを次のうちから選べ。

1. 1回　　　　　　　2. 2回
3. 3回　　　　　　　4. 4回

出題頻度：★★☆☆☆　☞ 270ページ参照

問 51　モールス無線通信における**非常の場合の無線通信**において、連絡を設定するための**応答**は、次のどれによって行うか。

1. 応答事項の次に「$\overline{\text{OSO}}$」2回を送信する。
2. 応答事項の次に「$\overline{\text{OSO}}$」3回を送信する。
3. 応答事項に「$\overline{\text{OSO}}$」1回を前置する。
4. 応答事項に「$\overline{\text{OSO}}$」3回を前置する。

出題頻度：★☆☆☆☆　☞ 270ページ参照

問 52　無線局は、「$\overline{\text{OSO}}$」(又は「非常」)を前置した呼出しを受信したときは、**応答をする場合を除き**、どうしなければならないか、正しいものを次のうちから選べ。

1. その旨を自局の通信の相手方に通報する。
2. その旨を直ちに総合通信局長(沖縄総合通信事務所長を含む。)に報告する。
3. 自局の交信が終了した後、この呼出し及びこれに続く通報を傍受する。
4. この呼出しに混信を与えるおそれのある電波の発射を停止して傍受する。

出題頻度：★☆☆☆☆　☞ 270ページ参照

【答】問50：3, 問51：4, 問52：4

問 53 アマチュア局は、自局の発射する電波がテレビジョン放送又はラジオ**放送の受信等に支障を与えるとき**は、非常の場合の無線通信等を行う場合を除き、どうしなければならないか、正しいものを次のうちから選べ。

1. 注意しながら電波を発射する。
2. 速やかに当該周波数による電波の発射を中止する。
3. 障害の程度を調査し、その結果によっては電波の発射を中止する。
4. 空中線電力を小さくする。

出題頻度：★☆☆☆☆ ☞ 270 ページ参照

問 54 アマチュア局は、自局の発射する電波が**放送の受信に支障を与え**、又は与えるおそれがあるときは、非常の場合の無線通信等を行う場合を除き、どうしなければならないか、正しいものを次のうちから選べ。

1. 空中線電力を小さくして、注意しながら電波を発射する。
2. 重大な支障を与えるときは、電波の発射を中止する。
3. 速やかに当該周波数による電波の発射を中止する。
4. 要求があれば、直ちに電波の発射を中止する。

出題頻度：★☆☆☆☆ ☞ 270 ページ参照

問 55 アマチュア局は、**他人の依頼による通報**を送信することができるか、正しいものを次のうちから選べ。

1. 内容が簡単であればできる。
2. やむを得ないと判断したものはできる。
3. できる。　　4. できない。

出題頻度：★☆☆☆☆ ☞ 270 ページ参照

【答】問 53：2，問 54：3，問 55：4

監　督

問 1　総務大臣は、**無線局の発射する電波の質**が総務省令で定めるものに**適合していない**と認めるとき、その無線局についてとることがある措置は、次のどれか。

1. 臨時に電波の発射の停止を命じる。
2. 空中線の撤去を命じる。
3. 免許を取り消す。
4. 周波数又は空中線電力の指定を変更する。

出題頻度：★☆☆☆☆　☞ 271 ページ参照

問 2　無線局が総務大臣から**臨時に電波の発射の停止**を命じられることがある場合は、次のどれか。

＊必要のない通信を行っているとき、暗語を使用して通信したときという解答選択肢もある。

1. 発射する電波の質が総務省令で定めるものに適合していないと認められるとき。
2. 免許状に記載された空中線電力の範囲を超えて運用したとき。
3. 発射する電波が他の無線局の通信に混信を与えたとき。
4. 非常の場合の無線通信を行ったとき。

出題頻度：★★★★☆　☞ 271 ページ参照

問 3　総務大臣は、電波法の施行を確保するため特に必要がある場合において、無線局に**電波の発射を命じて行う検査**では、何を検査するか、正しいものを次のうちから選べ。

【答】問 1：1，問 2：1

1. 送信装置の電源電圧の変動率
2. 発射する電波の質又は空中線電力
3. 無線局の運用の実態
4. 無線従事者の無線設備の操作の技能

出題頻度：★☆☆☆☆ ☞ 271 ページ参照

問 4 **臨時検査**（電波法第73条第5項の検査）**が行われる場合**は、次のどれか。

1. 無線局の再免許が与えられたとき。
2. 無線従事者選解任届を提出したとき。
3. 無線設備の工事設計の変更をしたとき。
4. 臨時に電波の発射の停止を命じられたとき。

出題頻度：★☆☆☆☆ ☞ 271 ページ参照

問 5 免許人が**電波法に違反**したとき、その**無線局**について総務大臣から受けることがある処分は、次のどれか。

1. 運用の停止
2. 電波の型式の制限
3. 通信事項の制限
4. 通信の相手方の制限

出題頻度：★☆☆☆☆ ☞ 271 ページ参照

問 6 免許人が**電波法に違反**したとき、その**無線局**について総務大臣から受けることがある処分は、次のどれか。

1. 再免許の拒否
2. 通信事項の制限
3. 電波の型式の制限
4. 周波数の制限

 【答】問 3：2，問 4：4，問 5：1，問 6：4

出題頻度：★☆☆☆☆ ☞ 271 ページ参照

問 7　免許人が**電波法に基づく命令に違反**したとき、その**無線局**について総務大臣から受けることがある処分は、次のどれか。

1. 電波の型式の制限
2. 再免許の拒否
3. 空中線電力の制限
4. 通信の相手方の制限

出題頻度：★☆☆☆☆ ☞ 271 ページ参照

問 8　免許人が**電波法に基づく命令に違反**したとき、その**無線局**について総務大臣から受けることがある処分は、次のどれか。

1. 無線従事者の解任命令
2. 電波の型式の制限
3. 運用の停止
4. 通信の相手方の制限

出題頻度：★★☆☆☆ ☞ 272 ページ参照

問 9　**無線局の免許を取り消される**ことがあるのは、次のどれか。

1. 免許人が免許人以外の者のために無線局を運用させたとき。
2. 免許人が1年以上の期間日本を離れたとき。
3. 免許状に記載された目的の範囲を超えて運用したとき。
4. 不正な手段により無線局の免許を受けたとき。

出題頻度：★☆☆☆☆ ☞ 272 ページ参照

【答】問 7：3，問 8：3，問 9：4

問 10 免許人が総務大臣から**3か月以内**の期間を定めて**無線局の運用の停止**を命じられることがあるのは、次のどの場合か。

1. 電波法に違反したとき。
2. 無線従事者がその免許証を失ったとき。
3. 無線局の免許状を失ったとき。
4. 免許人が「日本の国籍を有しない者」となったとき。

出題頻度：★☆☆☆☆ ☞ 272 ページ参照

問 11 アマチュア局の免許人が**不正な手段**により無線局の免許を受けたとき、総務大臣から受けることがある処分は、次のどれか。

1. 運用許容時間の制限
2. 免許の取消し
3. 運用の停止
4. 周波数又は空中線電力の制限

出題頻度：★☆☆☆☆ ☞ 272 ページ参照

問 12 **無線従事者がその免許を取り消される**ことがある場合は、次のどれか。

1. 免許証を失ったとき。
2. 不正な手段により免許を受けたとき。
3. 刑法に規定する罪を犯し罰金以上の刑に処せられたとき。
4. 5 年以上無線設備の操作を行わなかったとき。

出題頻度：★☆☆☆☆ ☞ 272 ページ参照

問 13 **無線従事者がその免許を取り消される**ことがある場

 【答】問 10：1，問 11：2，問 12：2

合は、次のどれか。

1. 5年以上無線設備の操作を行わなかったとき。
2. 日本の国籍を失ったとき。
3. 電波法に基づく処分に違反したとき。
4. 免許証を失ったとき。

出題頻度：★☆☆☆☆ ☞ 272ページ参照

問14 **無線従事者**が電波法に基づく命令に**違反**したとき、総務大臣から受けることがある処分は、次のどれか。

1. 6箇月間の業務の従事停止
2. 無線設備の操作範囲の制限
3. 無線従事者の免許の取消し
4. 無線従事者国家試験の受験停止

出題頻度：★★☆☆☆ ☞ 272ページ参照

問15 無線従事者が、総務大臣から**3か月以内**の期間を定めて無線通信の**業務に従事することを停止**されることがあるのは、次のどの場合か。

1. 電波法に違反したとき。
2. 免許証を失ったとき。
3. 免許状を失ったとき。
4. 無線局の運用を休止したとき。

出題頻度：★☆☆☆☆ ☞ 272ページ参照

問16 無線局の免許人が、**非常通信を行ったとき**、電波法の規定によりとらなければならない措置は、次のどれか。

1. 中央防災会議会長に届け出る。
2. 市町村長に連絡する。

【答】問13：3，問14：3，問15：1，問16：4

3. 都道府県知事に通知する。

4. 総務大臣に報告する。

出題頻度：★★★☆☆　☞ 272ページ参照

問 17　無線局の免許人は、**非常通信を行ったとき**、電波法の規定により、どの措置をとらなければならないか、正しいものを次のうちから選べ。

1. 総務省令で定める手続により、総務大臣に報告する。
2. 適宜の方法により、都道府県知事に連絡する。
3. 総務大臣に届け出て事後承認を受ける。
4. 文書により、中央防災会議会長に届け出る。

出題頻度：★☆☆☆☆　☞ 272ページ参照

問 18　免許人は、**電波法に違反して運用した無線局を認めたとき**は、どうしなければならないか、正しいものを次のうちから選べ。

1. 総務省令で定める手続により、総務大臣に報告する。
2. 違反した無線局の電波の発射を停止させる。
3. 違反した無線局の免許人にその旨を通知する。
4. 違反した無線局の免許人を告発する。

出題頻度：★★★★☆　☞ 272ページ参照

問 19　**電波法に基づく命令に違反して運用した無線局を認めたとき**、電波法の規定により免許人がとらなければならない措置は、次のどれか。

1. その無線局の免許人を告発する。
2. その無線局の電波の発射を停止させる。
3. 総務省令で定める手続により、総務大臣に報告する。

　【答】問 17：1，問 18：1

4. その無線局の免許人にその旨を通知する。

出題頻度：★☆☆☆☆ ☞ 272 ページ参照

問 20　アマチュア局の免許人は、無線局の免許を受けた日から起算して**どれほどの期間内**に、また、その後毎年その免許の日に応当する日（応当する日がない場合は、その翌日）から起算して**どれほどの期間内**に電波法の規定により**電波利用料**を納めなければならないか、正しいものを次のうちから選べ。

1. 10 日以内
2. 30 日以内
3. 2 か月以内
4. 3 か月以内

出題頻度：★★☆☆☆ ☞ 273 ページ参照

【答】問 19：3，問 20：2

業務書類

問 1　移動するアマチュア局（人工衛星に開設するものを除く。）の**免許状**は、**どこに備え付け**ておかなければならないか、正しいものを次のうちから選べ。

1. 受信装置のある場所
2. 無線設備の常置場所
3. 免許人の住所
4. 無線局事項書の写しを保管している場所

出題頻度：★★★★★　☞ 274 ページ参照

問 2　免許人が免許状を破損したために**免許状の再交付を受けたとき、旧免許状**をどうしなければならないか、正しいものを次のうちから選べ。

1. 保管しておく。　　2. 遅滞なく返す。
3. 速やかに廃棄する。　　4. 1箇月以内に返す。

出題頻度：★☆☆☆☆　☞ 274 ページ参照

問 3　無線局の**免許がその効力を失ったとき**、免許人であった者は、その**免許状**をどうしなければならないか。電波法に規定するものを次のうちから選べ。

*「3か月以内に返納しなければならない。」、「無線従事者免許とともに1年間保存しなければならない」という選択肢もある。

1. 速やかに廃棄しなければならない。
2. 10 日以内に返納する。

　【答】問 1：2，問 2：2

3. 直ちに返納する。

4. 1か月以内に返納する。

出題頻度：★★★☆☆ ☞ 274ページ参照

問4　無線局の免許がその効力を失ったとき、免許人であった者は、その免許状をどうしなければならないか。正しいものを次のうちから選べ。

1. 無線従事者免許証とともに1年間保存しておかなければならない。

2. 1箇月以内に返納しなければならない。

3. 速やかに破棄しなければならない。

4. 3箇月以内に返納しなければならない。

出題頻度：★☆☆☆☆ ☞ 274ページ参照

問5　免許人が、**1箇月以内に免許状を返納**しなければならない場合に**該当しないの**は、次のどれか。

1. 無線局を廃止したとき。

2. 臨時に電波の発射の停止を命じられたとき。

3. 無線局の免許を取り消されたとき。

4. 無線局の免許の有効期間が満了したとき。

出題頻度：★★★★☆ ☞ 274ページ参照

問6　免許人が、**免許状を1箇月以内に返納**しなければならない場合は、次のどれか。

1. 無線局の免許がその効力を失ったとき。

2. 無線局の運用を休止したとき。

3. 免許状を破損し又は汚したとき。

4. 無線局の運用の停止を命じられたとき。

【答】問3：4, 問4：2, 問5：2

出題頻度：★☆☆☆☆　☞ 274 ページ参照

問 7　免許人は、免許状に記載された事項に変更を生じたとき、とらなければならない措置は、次のどれか。

1. 免許状の変更内容を連絡して再交付を受ける。
2. 自ら免許状を訂正し、承認を受ける。
3. 再免許を申請する。
4. 免許状の訂正を受ける。

出題頻度：★☆☆☆☆　☞ 274 ページ参照

　【答】問 6：1，問 7：4

通信憲章・条約・無線通信規則

問 1　次の記述は、無線通信規則に規定する「アマチュア業務」の定義である。[　　　]内に入れるべき字句を下の番号から選べ。

アマチュア、すなわち、[　　　]、専ら**個人的に無線技術に興味をもち、正当に許可された者**が行う**自己訓練、通信**及び**技術研究**のための無線通信業務。

1. 通信手段の不足を補うため
2. 金銭上の利益のためでなく
3. 教育活動において利用するため
4. 福祉活動において利用するため

出題頻度：★☆☆☆☆　☞ 275 ページ参照

問 2　次の記述は、無線通信規則に規定する「アマチュア業務」の定義である。[　　　]内に入れるべき字句を下の番号から選べ。

アマチュア、すなわち、**金銭上の利益のためでなく**、専ら**個人的に無線技術に興味をもち、正当に許可された者**が行う[　　　]及び**技術研究**のための無線通信業務。

1. 通信練習、運用
2. 自己訓練、通信
3. 通信操作
4. 趣味

出題頻度：★☆☆☆☆　☞ 275 ページ参照

【答】問 1：2，問 2：2

問3　次の記述は、無線通信規則に規定する「アマチュア業務」の定義である。＿＿＿内に入れるべき字句を下の番号から選べ。

アマチュア、すなわち、**金銭上の利益のためでなく**、専ら**個人的に無線技術に興味をもち、正当に許可された者**が行う**自己訓練、通信**及び＿＿＿のための無線通信業務。

1. 技術研究
2. 科学調査
3. 科学技術の向上
4. 技術の進歩発達

出題頻度：★☆☆☆☆　☞ 275 ページ参照

問4　次の記述は、無線通信規則に規定する「アマチュア業務」の定義である。＿＿＿内に入れるべき字句を下の番号から選べ。

アマチュア、すなわち、**金銭上の利益のためでなく**、専ら＿＿＿、**正当に許可された者**が行う**自己訓練、通信**及び**技術研究**のための無線通信業務。

1. 個人的に無線技術に興味をもち
2. 災害時における通信手段の確保のため
3. 教育活動の一環として
4. 福祉活動の一環として

出題頻度：★☆☆☆☆　☞ 275 ページ参照

問5　次の記述は、無線通信規則に規定する「アマチュア業務」の定義である。＿＿＿内に入れるべき字句を下の番号から選べ。

　【答】問3：1，問4：1

アマチュア、すなわち、**金銭上の利益のためでなく、専ら個人的に無線技術に興味をもち、** [ ] **が行う自己訓練、通信及び技術研究**のための無線通信業務。

1. 正当に許可された者
2. 無線機器を所有する者
3. 相当な知識を有する者
4. 相当な技術を有する者

出題頻度：★☆☆☆☆　☞ 275 ページ参照

問 6　無線通信規則では、周波数分配のため、**世界を地域的に区分**しているが、日本は次のどれに属するか。

1. 第一地域　　2. 第二地域
3. 第三地域　　4. 極東地域

出題頻度：★★☆☆☆　☞ 275 ページ参照

問 7　無線通信規則の周波数分配表において、アマチュア業務に分配されている周波数帯は、次のどれか。

1. 2,850kHz ～ 3,200kHz
2. 3,200kHz ～ 3,450kHz
3. 4,700kHz ～ 5,700kHz
4. 7,000kHz ～ 7,200kHz

出題頻度：★★☆☆☆　☞ 275 ページ参照

問 8　無線通信規則の周波数分配表において、アマチュア業務に分配されている周波数帯は、次のどれか。

1. 6,765kHz ～ 7,000kHz
2. 7,000kHz ～ 7,200kHz
3. 7,300kHz ～ 7,400kHz

【答】問 5：1，問 6：3，問 7：4

4. 7,400kHz ～ 7,450kHz

出題頻度：★☆☆☆☆ ☞ 275ページ参照

問9 無線通信規則の周波数分配表において、アマチュア業務に分配されている周波数帯は、次のどれか。

1. 3,200kHz ～ 3,450kHz
2. 6,765kHz ～ 7,000kHz
3. 18,068kHz ～ 18,168kHz
4. 21,450kHz ～ 21,850kHz

出題頻度：★★☆☆☆ ☞ 275ページ参照

問10 無線通信規則の周波数分配表において、アマチュア業務に分配されている周波数帯は、次のどれか。

＊3,800～3,950kHzという解答選択肢もある。

1. 3,400kHz ～ 3,500kHz
2. 7,300kHz ～ 7,600kHz
3. 18,052kHz ～ 18,068kHz
4. 21,000kHz ～ 21,450kHz

出題頻度：★★★☆☆ ☞ 275ページ参照

問11 無線通信規則の周波数分配表において、アマチュア業務に分配されている周波数帯は、次のどれか。

1. 21.000MHz ～ 21.450MHz
2. 47MHz ～ 50MHz
3. 75.2MHz ～ 87.5MHz
4. 108MHz ～ 137MHz

出題頻度：★★★☆☆ ☞ 275ページ参照

問12 無線通信規則の周波数分配表において、アマチュア

【答】問8：2，問9：3，問10：4，問11：1

業務に分配されている周波数帯は、次のどれか。

1. 28MHz ~ 29.7MHz
2. 47MHz ~ 50MHz
3. 75.2MHz ~ 87.5MHz
4. 108MHz ~ 137MHz

出題頻度：★☆☆☆☆ ☞ 275 ページ参照

問 13 無線通信規則の周波数分配表において、アマチュア業務に分配されている周波数帯は、次のどれか。

1. 42MHz ~ 46MHz
2. 46MHz ~ 50MHz
3. 50MHz ~ 54MHz
4. 54MHz ~ 58MHz

出題頻度：★☆☆☆☆ ☞ 275 ページ参照

問 14 無線通信規則の周波数分配表において、アマチュア業務に分配されている周波数帯は、次のどれか。

1. 108MHz ~ 143.6MHz
2. 144MHz ~ 146MHz
3. 154MHz ~ 174MHz
4. 235MHz ~ 267MHz

出題頻度：★☆☆☆☆ ☞ 275 ページ参照

問 15 次に掲げるもののうち、無線通信規則の規定に照らし、アマチュア局に**禁止されていない伝送**は、どれか。

1. 略語による伝送
2. 不要な伝送
3. 虚偽の信号の伝送

【答】問 12：1，問 13：3，問 14：2，問 15：1

4. まぎらわしい信号の伝送

出題頻度：★★☆☆☆ ☞ 276 ページ参照

問 16 次の記述は、混信に関する無線通信規則の規定である。[　　　]内に入れるべき字句を下の番号から選べ。

送信局は、業務を満足に行うために必要な[　　　]**電力で輻射**(ふく)する。

1. 最小限の　　2. 最大限の
3. 適当に制限した　　4. 自由に決定した

出題頻度：★★☆☆☆ ☞ 276 ページ参照

問 17 無線通信規則では、送信局は、**業務を満足に行うためどのような電力**で輻射(ふく)しなければならないと定めているか、正しいものを次のうちから選べ。

1. 相手局の要求する電力
2. 適当に制限した電力
3. 必要な最大限の電力
4. 必要な最小限の電力

出題頻度：★☆☆☆☆ ☞ 276 ページ参照

問 18 国際電気通信連合憲章、国際電気通信連合条約又は無線通信規則に**違反する局を認めた**局は、どうしなければならないか、正しいものを次のうちから選べ。

1. 国際電気通信連合に報告する。
2. 違反した局に通報する。
3. 違反を認めた局の属する国の主管庁に報告する。
4. 違反した局の属する国の主管庁に報告する。

出題頻度：★★★☆☆ ☞ 276 ページ参照

 【答】問 16：1，問 17：4，問 18：3

問 19　次の記述は、**局の識別**に関する無線通信規則の規定である。[　　]内に入れるべき字句を下の番号から選べ。

虚偽の又は[　　]識別表示を使用する**伝送**は、すべて禁止する。

＊いかがわしいという解答選択肢もある。

1. 適当でない
2. 国際符字列に従わない
3. まぎらわしい
4. 割り当てられていない

出題頻度：★☆☆☆☆　☞ 276 ページ参照

問 20　次の記述は、**局の識別**について、無線通信規則の規定に沿って述べたものである。[　　]内に入れるべき字句を下の番号から選べ。

アマチュア業務においては、[　　]は、識別信号を伴うものとする。

1. 異なる国のアマチュア局相互間の伝送
2. 連絡設定における最初の呼出し及び応答
3. すべての伝送
4. モールス無線電信による異なる国のアマチュア局相互間の伝送

出題頻度：★☆☆☆☆　☞ 276 ページ参照

問 21　無線通信規則では、アマチュア局は、その伝送中自**局の呼出符号を**どのように**伝送**しなければならないと規定しているか、正しいものを次のうちから選べ。

1. 短い間隔で伝送しなければならない。

【答】問 19：3，問 20：3

2. 始めと終わりに伝送しなければならない。
3. 適当な時に伝送しなければならない。
4. 伝送の中間で伝送しなければならない。

出題頻度：★☆☆☆☆ ☞ 276 ページ参照

問 22 次の記述は、アマチュア局における呼出符号の伝送について、無線通信規則の規定に沿って述べたものである。□内に入れるべき字句を下の番号から選べ。

アマチュア局は、その伝送中□自局の呼出符号を伝送しなければならない。

1. 短い間隔で
2. 30 分ごと
3. 必要により随時
4. 通信状態を考慮して適宜の間隔で

出題頻度：★☆☆☆☆ ☞ 276 ページ参照

問 23 次の記述は、国際電気通信連合憲章等の一般規定のアマチュア業務への適用について、無線通信規則の規定に沿って述べたものである。□内に入れるべき字句を下の番号から選べ。

国際電気通信連合憲章、国際電気通信連合条約及び無線通信規則の□一般規定は、アマチュア局に適用する。

1. すべての
2. 運用に関する
3. 技術特性に関する
4. 混信を回避するための措置に関する

出題頻度：★☆☆☆☆ ☞ 276ページ参照

 【答】問 21：1，問 22：1，問 23：1

モールス符号

第三級アマチュア無線技士の国家試験は、「法規」の問題において、**モールス符号の理解度を確認する**ための問題が**2**問出題されます。

この2問の問題は、数字とアルファベットを組み合わせた6～7文字を1～4の選択肢に表記されたモールス符号の中から正解を選ぶ問題です。

問 1　4MUSEN　を**モールス符号で表した**ものは、次のどれか。

1. －････　－－・　・・－　・・・　・　－・
2. －････　－－　・・－　・・・　・　－・・
3. ････－　－－・　・・－　・・・　・　－・・
4. ････－　－－　・・－　・・・　・　－・

注　モールス符号の点、線の長さ及び間隔は、簡略化してある。

出題頻度：★☆☆☆☆　☞ 278ページ参照

問 2　ONTAKE4　を**モールス符号で表した**ものは、次のどれか。

1. －－－　－・　－　・－　－・－　・　････－
2. －－－　－・　－－　・－　－・－－　・　････－
3. －－－　－・　－－　・－　－・－　・　－････
4. －－－　－・　－　・－　－・－－　・　－････

注　モールス符号の点、線の長さ及び間隔は、簡略化し

【答】問1：4

てある。

出題頻度：★☆☆☆☆ ☞ 278 ページ参照

問 3 OTARU1 をモールス符号で表したものは、次のどれか。

1. −−− − ・− ・−・ ・・・− −−−−・
2. −−− − ・− ・−−・ ・・− −−−−・
3. −−− − ・− ・−・ ・・− ・−−−−
4. −−− − ・− ・−−・ ・・・− ・−−−−

注 モールス符号の点、線の長さ及び間隔は、簡略化してある。

出題頻度：★☆☆☆☆ ☞ 278 ページ参照

問 4 8DENJIHW をモールス符号で表したものは、次のどれか。

1. ・・・−− −・・ ・ −・ −・−− ・・ ・・・・ ・−−
2. ・・・−− −・・ ・ −− ・−−− ・・ ・・・・ ・−−
3. −−−・・ −・・ ・ −− −・−− ・・ ・・・・ ・−−
4. −−−・・ −・・ ・ −・ ・−−− ・・ ・・・・ ・−−

注 モールス符号の点、線の長さ及び間隔は、簡略化してある。

出題頻度：★☆☆☆☆ ☞ 278 ページ参照

問 5 3ISEWAN をモールス符号で表したものは、次のどれか。

1. −−・・・ ・・ ・・・ ・ ・・・− ・− −・
2. −−・・・ ・・ ・・・・ ・ ・−− ・− −・
3. ・・・−− ・・ ・・・ ・ ・−− ・− −・

 【答】問 2：1，問 3：3，問 4：4

4. ···–– ·· ···· · ···– ·– –·

注　モールス符号の点、線の長さ及び間隔は、簡略化してある。

出題頻度：★☆☆☆☆　☞ 278 ページ参照

問 6　3DENPA　をモールス符号で表したものは、次のどれか。

1. ···–– –·· · –· ·––· ·–
2. ···–– –··· · –· ·–– ·–
3. –––·· –·· · –· ·–– ·–
4. –––·· –··· · –· ·––· ·–

注　モールス符号の点、線の長さ及び間隔は、簡略化してある。

出題頻度：★★☆☆☆　☞ 278 ページ参照

問 7　7FUJISVN　をモールス符号で表したものは、次のどれか。

1. ··––– ··–· ·–· ·––– ·· ··· ···– –·
2. ··––– ··–· ··– ·––– ·· ···· ···– –·
3. ––··· ··–· ·–· ·––– ·· ···· ···– –·
4. ––··· ··–· ··– ·––– ·· ··· ···– –·

注　モールス符号の点、線の長さ及び間隔は、簡略化してある。

出題頻度：★★☆☆☆　☞ 278 ページ参照

問 8　4GENKAI　をモールス符号で表したものは、次のどれか。

1. ····– ·–– · –· –·– ·– ···

【答】問 5：3，問 6：1，問 7：4

2. ・・・・−　−−・　・　−・　−・−　・−　・・
3. −・・・・　・−−　・　−・　−・−　・−　・・
4. −・・・・　−−・　・　−・　−・−　・−　・・・

注　モールス符号の点、線の長さ及び間隔は、簡略化してある。

出題頻度：★☆☆☆☆ ☞ 278ページ参照

問9　7CRDTOU　**をモールス符号で表した**ものは、次のどれか。

1. −−・・・　−・−・　・−・　−・・　−　−−−　・・−
2. −−・・・　−・−・　・−・　−・・　−−　−−−　・・・−
3. ・・・−−　−・−・　・−・　−・・　−−　−−−　・・−
4. ・・・−−　−・−・　・−・　−・・　−　−−−　・・・−

注　モールス符号の点、線の長さ及び間隔は、簡略化してある。

出題頻度：★☆☆☆☆ ☞ 278ページ参照

問10　6MIYCKX　**をモールス符号で表した**ものは、次のどれか。

1. −・・・・　−−　・・　−・−−　−・−・　−・−　−・・−
2. −・・・・　・−−　・・　−−・−　−・−・　−・−　−・・−
3. ・−−−−　・−−　・・　−・−−　−・−・　−・−　−・・−
4. ・−−−−　−−　・・　−−・−　−・−・　−・−　−・・−

注　モールス符号の点、線の長さ及び間隔は、簡略化してある。

出題頻度：★☆☆☆☆ ☞ 278ページ参照

問11　2DAISEN　**をモールス符号で表した**ものは、次の

　【答】問8：2，問9：1，問10：1

どれか。

1. ・・−−−　−・・・　・−　・・　・・・・　・　−・
2. ・・−−−　−・・　・−　・・　・・・　・　−・
3. −−−・・　−・・　・−　・・　・・・・　・　−・
4. −−−・・　−・・・　・−　・・　・・・　・　−・

注　モールス符号の点、線の長さ及び間隔は、簡略化してある。

出題頻度：★☆☆☆☆　☞ 278ページ参照

問 12　5YXKUMO　をモールス符号で表したものは、次のどれか。

1. −−−−−　−・−−　−・・−　−・−・　・・−　−−　−−−
2. −−−−−　−・−−　−・・−　−・−　・・−　−−　−−・
3. ・・・・・　−・−−　−・・−　−・−・　・・−　−−　−−・
4. ・・・・・　−・−−　−・・−　−・−　・・−　−−　−−−

注　モールス符号の点、線の長さ及び間隔は、簡略化してある。

出題頻度：★☆☆☆☆　☞ 278ページ参照

問 13　6TENDOU　をモールス符号で表したものは、次のどれか。

1. −・・・・　−　・　−・　−・・　−−−　・・−
2. −・・・・　−　・　−・　・−・・　−−−　・−・
3. ・・・・−　−　・　−・　・−・・　−−−　・・−
4. ・・・・−　−　・　−・　−・・　−−−　・−・

注　モールス符号の点、線の長さ及び間隔は、簡略化してある。

【答】問 11：2，問 12：4

出題頻度：★☆☆☆☆ ☞ 278ページ参照

問 14 3MIGJBV をモールス符号で表したものは、次のどれか。

1. −−・・・ −− ・・ −−・ ・−− −・・・ ・・・−
2. −−・・・ −− ・・・ −−・ ・−−− −・・・ ・・・−
3. ・・・−− −− ・・ −−・ ・−−− −・・・ ・・・−
4. ・・・−− −− ・・・ −−・ ・−− −・・・ ・・・−

注 モールス符号の点、線の長さ及び間隔は、簡略化してある。

出題頻度：★☆☆☆☆ ☞ 278ページ参照

問 15 2EBISU をモールス符号で表したものは、次のどれか。

1. ・・−−− −・ −・・ ・・ ・・・ ・・−
2. ・・−−− ・ −・・・ ・・ ・・・ ・・−
3. −−−・・ ・ −・・ ・・ ・・・ ・・−
4. −−−・・ −・ −・・・ ・・ ・・・ ・・−

注 モールス符号の点、線の長さ及び間隔は、簡略化してある。

出題頻度：★☆☆☆☆ ☞ 278ページ参照

問 16 9KFZHWRO をモールス符号で表したものは、次のどれか。

1. −−−−・ −・− ・・−・ −−・・ ・・・・ ・−− ・−・ −−−
2. −−−−・ −・−− ・・−・ −−・・ ・・・・ ・−− ・−・ −−
3. ・−−−− −・− ・・−・ −−・・ ・・・・ ・−− ・−・ −−
4. ・−−−− −・−− ・・−・ −−・・ ・・・・ ・−− ・−・ −−−

 【答】問 13：1，問 14：3，問 15：2

注　モールス符号の点、線の長さ及び間隔は、簡略化してある。

出題頻度：★☆☆☆☆　☞ 278 ページ参照

問 17　QVXMZBE8　をモールス符号で表したものは、次のどれか。

1. −−・−　・・・−　−・・−　−−　−−・・　−・・・　・　−−−・・
2. −・−−　・・・−　−・−　−−　−−・・　−・・・　・　−−−・・
3. −・−−　・・・−　−・・−　−−　−−・・　−・・・　・　・・・−−
4. −−・−　・・・−　−・−　−−　−−・・　−・・・　・　・・・−−

注　モールス符号の点、線の長さ及び間隔は、簡略化してある。

出題頻度：★☆☆☆☆　☞ 278 ページ参照

問 18　ENIWA4　をモールス符号で表したものは、次のどれか。

1. ・　−・　・・　・−−　・−　・・・・−
2. ・　−−・　・・　・−−・　・−　・・・・−
3. ・　−−・　・・　・−−　・−　−−−−・
4. ・　−・　・・　・−−・　・−　−−−−・

注　モールス符号の点、線の長さ及び間隔は、簡略化してある。

出題頻度：★★☆☆☆　☞ 278 ページ参照

問 19　7KUSHYRO　をモールス符号で表したものは、次のどれか。

1. ・・・−−　−・−　・・−　・・・　・・・・　−・−−　・−・　・−−−
2. ・・・−−　−・−　・・−　・・・　・・・・　−−・−　・−・　−−−

【答】問 16：1，問 17：1，問 18：1

3. －－・・・ －・－ ・・－ ・・・ ・・・・ －－・－ ・－・ ・－－－

4. －－・・・ －・－ ・・－ ・・・ ・・・・ －・－－ ・－・ －－－

注　モールス符号の点、線の長さ及び間隔は、簡略化してある。

出題頻度：★☆☆☆☆ ☞ 278ページ参照

問 20　OWASE3　をモールス符号で表したものは、次のどれか。

1. －－－ ・－・ ・－ ・・・ ・ －－－・・
2. ・－－－ ・－－ ・－ ・・・ ・ －－－・・
3. －－－ ・－－ ・－ ・・・ ・ ・・・－－
4. ・－－－ ・－・ ・－ ・・・ ・ ・・・－－

注　モールス符号の点、線の長さ及び間隔は、簡略化してある。

出題頻度：★☆☆☆☆ ☞ 278ページ参照

問 21　EBINA4　をモールス符号で表したものは、次のどれか。

1. ・ －・・ ・・ ・－・ ・－ ・・・・－
2. ・ －・・・ ・・ －・ ・－ ・・・・－
3. ・ －・・ ・・ －・ ・－ －・・・・
4. ・ －・・・ ・・ ・－・ ・－ －・・・・

注　モールス符号の点、線の長さ及び間隔は、簡略化してある。

出題頻度：★☆☆☆☆ ☞ 278ページ参照

　【答】問 19：4，問 20：3，問 21：2

第３章

無線工学の参考書

この「無線工学の参考書」では下記の出題分野ごとに問題の答になる選択枝の解説をまとめてあります。

説明問題は、必要に応じ簡単な数式を用いてわかりやすい平易な解説をしてあります。また計算問題は、根拠となる式に数値を代入して解き方を示してあります。

基礎知識
電子回路
送信機
受信機
電波障害
電源
空中線・給電線
電波伝搬
無線測定

基礎知識

[1] 静電誘導

図 1-1 のように、プラス(+)に帯電している物体 a に、帯電していない導体 b を近づけると、導体 b において、物体 a に近い側にマイナス(−)の電荷が生じ、物体 a に遠い側にプラス(+)の電荷が生じます。このような現象を静電誘導といいます。

試験問題では、マイナス、プラス、静電誘導の字句が空欄になっています。

図 1-1　静電誘導

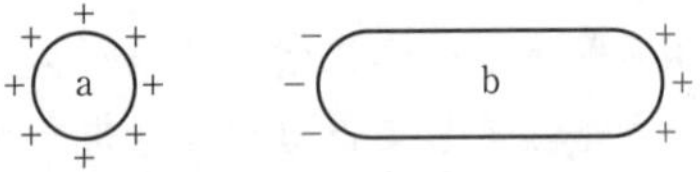

[2] コンデンサに蓄えられる電荷

① コンデンサは、2 枚の金属板を狭い間隔で向かい合わせ、その間に空気、紙、プラスチックなどの絶縁体を挿入した部品です。

② コンデンサがどれくらいの電気を蓄えられるかの能力を静電容量といい、単位はファラド〔F〕が用いられます。ファラドの 10^{-6} 倍をマイクロファラド〔μF〕、10^{-12} 倍をピコファラド〔pF〕といいます。

③ コンデンサに直流電圧を加えると、瞬間的に電流が流れて電気が蓄えられ、すぐその電流は流れなくなります。交

流電圧を加えた場合は、電圧の大きさと方向が時間とともに変化するため、コンデンサは充電と放電が繰り返されるので、絶えず交流電流が流れます。

④ コンデンサに蓄えられる電荷Q〔C〕は、コンデンサの両端に加えられる電圧V〔V〕に比例します。このときの比例定数Cを静電容量〔F〕といい、次の関係式が成立します。

$$Q = CV \qquad \cdots\cdots\cdots\cdots (1\text{-}1)$$

● この式を利用する次の問題を解いてみてください。

[問1] 図に示す回路において、静電容量8〔μF〕のコンデンサに蓄えられている電荷が2×10^{-5}〔C〕であるとき、静電容量2〔μF〕のコンデンサに蓄えられている電荷の値は幾らか。

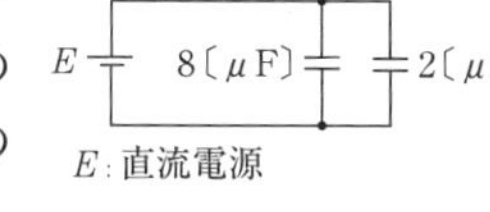

[解き方]

① 8〔μF〕のコンデンサに蓄えられる電荷が2×10^{-5}〔C〕ですから、両端に加えられる電圧V〔V〕は、(1-1) 式から

$$V = \frac{Q}{C} = \frac{2 \times 10^{-5}}{8 \times 10^{-6}} = \frac{2}{8} \times 10 = 2.5 \text{〔V〕}$$

② 2〔μF〕のコンデンサの両端の電圧は、2.5〔V〕ですから、このコンデンサに蓄えられる電荷Q〔C〕は、(1-1) 式から

$$Q = 2 \times 10^{-6} \times 2.5$$
$$= 5 \times 10^{-6}$$

[3] 磁気誘導

① 物質が磁石の性質を帯びることを磁化といいます。磁石

にはN極とS極があって、N極とS極は互いに引き合い、同種の磁極の場合は反発し合う性質があります。

② 鉄片は磁石に近づけると磁化され、鉄片は磁石のN極に近い端がS極になり、遠い端がN極になるので、磁石は鉄片を吸引します。このような現象を磁気誘導といいます。試験問題では、S極、N極、吸引、磁気誘導の文字が空欄になっています。

[4] 強磁性体、常磁性体、反磁性体

① 磁気誘導を生じる物質を磁性体といい、このうち鉄やニッケルなどのように、強く磁化される物質を強磁性体、ほとんど磁化されない物質を非磁性体といいます。

② 非磁性体は、次の常磁性体と反磁性体に分けられます。

(1) **図1-2**の鉄片（強磁性体）と同じように、加えた磁石の磁界の方向にわずかに磁化されるアルミニウム、白金などを常磁性体といいます。

(2) 加えた磁界とは反対の方向に、すなわち、磁石のN極に近い端がN極になり、遠い端がS極にわずかに磁化される銅、銀などを反磁性体といいます。

③ 磁気誘導を生じる物質を磁性体といい、鉄、ニッケルな

図1-2 磁気誘導

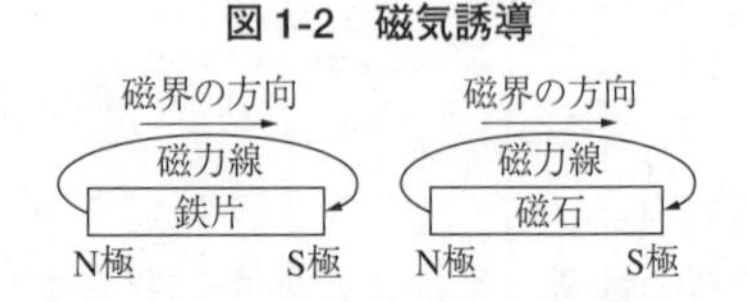

どの物質は強磁性体といいます。また、加えた磁界と反対の方向にわずかに磁化される銅、銀などは反磁性体といいます。試験問題では、強磁性体、反磁性体の文字が空欄になっています。

[5] 電磁石

① **図1-3**(a)のように、軟鉄棒に巻いたコイルに図のような方向に電流を流すと、軟鉄棒の左端がN極、右端がS極の磁石になります。このようなコイルを電磁石といいます。

電磁石のコイルの巻き方、電流の方向および磁極の関係を知るには、**図1-3**(b)のように、右手の親指を横に出し、他の4本の指を折り曲げ、その指がコイルを流れる電流の方向に沿うようにすれば、親指の方向の軟鉄棒の端がN極になります。また、コイルに流す電流の向きを逆にしたり、コイルの巻き方を逆向きにすると、コイルを流れる電流の方向が逆になるので軟鉄棒の極性も逆になります。

② 磁石は、同じ極同士、すなわちN極とN極、S極とS極とは反発し合い、N極とS極とは、互いに引き合います。

図1-3　軟鉄棒にコイルを巻いて電流を流すと

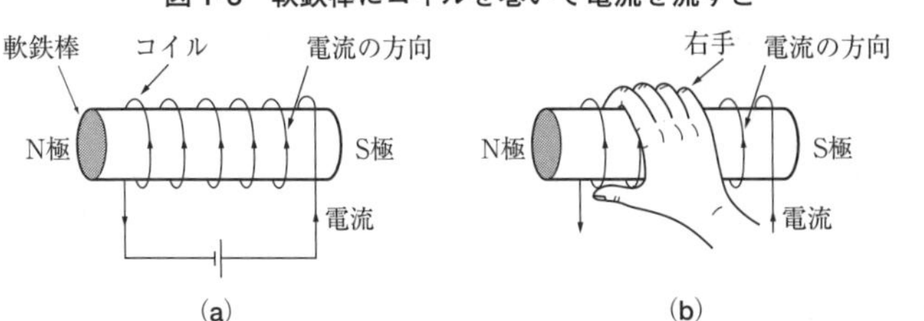

[**問2**] 図に示すように2本の軟鉄棒(AとB)に互いに逆向きとなるようにコイルを巻き、2本が直線状になるように置いて、スイッチSを閉じるとAとBはどのようになるか。

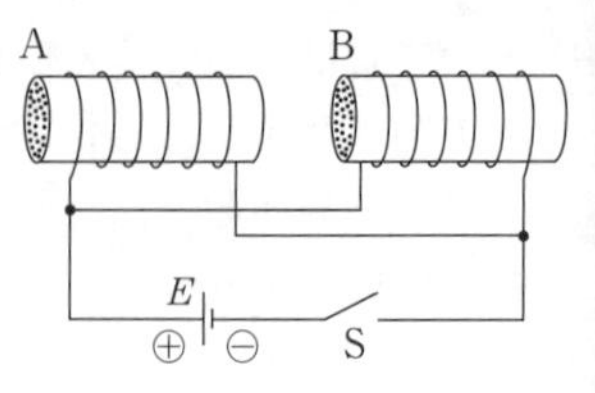

[**解き方**]

スイッチSを閉じたとき、AとBの軟鉄棒のコイルに流れる電流の方向がわかれば、**図1-3(b)**によりAとBの両端の磁極がわかります。AとBのコイルに流れる電流は逆方向ですから、Aの右端がS極、Bの左端がS極になります。このため、S極とS極は反発するので、AとBの軟鉄棒は互いに引き離されます。

Keyword 逆向きのコイルは反発

[6] 抵抗の接続

① 電流の流れにくさを表す量を電気抵抗または単に抵抗といい、単位はオーム(Ω)です。オームの 10^3 倍(1,000倍)をキロオーム(kΩ)、10^6 倍(1,000,000倍)をメグオーム(MΩ)といいます。

図1-4 抵抗の接続

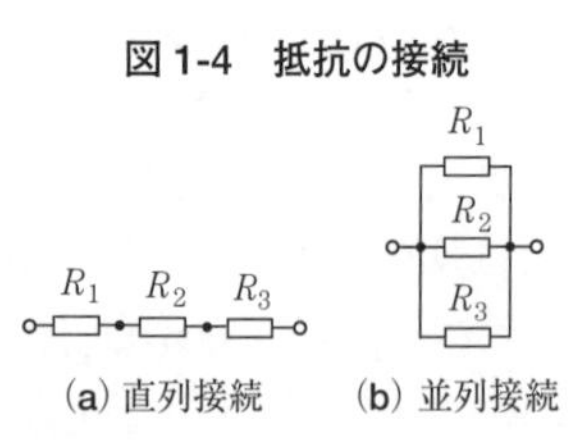

(**a**) 直列接続 (**b**) 並列接続

② 直列接続

抵抗値が R_1〔Ω〕、R_2〔Ω〕および R_3〔Ω〕の抵抗を**図1-4(a)**のように接続する方法を直列接続といい、合成抵抗 R〔Ω〕は、次のように、各抵抗値の和になります。

$$R = R_1 + R_2 + R_3 \quad \cdots\cdots\cdots \ (1\text{-}2)$$

③　並列接続

抵抗値がR_1〔Ω〕、R_2〔Ω〕およびR_3〔Ω〕の抵抗を**図1-4(b)**のように接続する方法を並列接続といい、合成抵抗R〔Ω〕は、次のように表されます。

$$\frac{1}{R} = \frac{1}{R_1} + \frac{1}{R_2} + \frac{1}{R_3} \quad \cdots\cdots\cdots \ (1\text{-}3)$$

[7] オームの法則

抵抗値がR〔Ω〕の抵抗の両端に、E〔V〕の電圧を加えたとき、この抵抗に流れる電流をI〔A〕とすれば、次の関係式が成立します。

$$\text{電流}(I) = \frac{\text{電圧}(E)}{\text{抵抗}(R)} \quad \cdots\cdots\cdots \ (1\text{-}4)$$

この式は、次のように書きかえることができます。

$$\text{電圧}(E) = \text{電流}(I) \times \text{抵抗}(R) \quad \cdots\cdots\cdots \ (1\text{-}5)$$

$$\text{抵抗}(R) = \frac{\text{電圧}(E)}{\text{電流}(I)} \quad \cdots\cdots\cdots \ (1\text{-}6)$$

●　抵抗の並列接続と直列接続を組み合わせた直並列接続の合成抵抗を求め、オームの法則を用いる次の問題を解いてみてください。

[問3] 図に示す回路において、端子 ab 間の電圧は幾らか。

[解き方]

端子 ab 間の電圧を求めるためには、まずこの回路の合成抵抗の値を求めます。

20〔Ω〕と30〔Ω〕の抵抗が並列に接続されたものに、48〔Ω〕の抵抗が直列に接続された回路ですから、

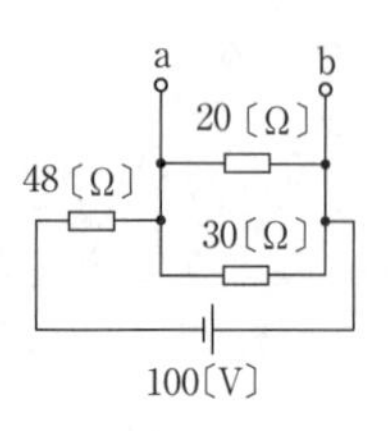

① 回路の合成抵抗 R は、20〔Ω〕の抵抗と30〔Ω〕の抵抗の並列接続の合成抵抗を R'〔Ω〕とすれば、(1-3)式と(1-2)式から

$$\frac{1}{R'}=\frac{1}{20}+\frac{1}{30}=\frac{3+2}{60}=\frac{5}{60} \qquad R'=\frac{60}{5}=12〔\Omega〕$$

$$R=R'+48=12+48=60〔\Omega〕$$

② 合成抵抗が60〔Ω〕ですから、回路に流れる電流 I〔A〕は(1-4)式から

$$I=\frac{E}{R}=\frac{100}{60}\fallingdotseq 1.66〔\mathrm{A}〕$$

③ ab間の合成抵抗 R' は12〔Ω〕、回路に流れる電流 I〔A〕は1.66〔A〕ですから、ab間の電圧 E_{ab}〔V〕は(1-5)式から、

$$E_{ab}=I\times R'=1.66\times 12\fallingdotseq 20〔\mathrm{V}〕$$

[8] 電　力

① 電流が1秒間にする仕事(例えば、電球の点灯など)の量を電力といい、単位はワット(W)が用いられます。

② 抵抗値が R〔Ω〕の抵抗の両端に E〔V〕の電圧を加えたとき、抵抗に I〔A〕の電流が流れるとすれば、電力 P〔W〕との間には次の関係式が成立します。

電力(P)＝電圧(E)×電流(I)　　　……… (1-7)

また、オームの法則から、$E = I \times R$、$I = \dfrac{E}{R}$ ですから、上の式に代入すると、次のように書きかえることができます。

電力(P)＝電圧(E)×電流(I) $= (IR)I = I^2R$ …… (1-8)

電力(P)＝電圧(E)×電流(I) $= E \times \dfrac{E}{R} = \dfrac{E^2}{R}$ ……… (1-9)

● これらの式を利用する次の問題を解いてみてください。

[問4] 1〔A〕の電流を流すと10〔W〕の電力を消費する抵抗器がある。これに50〔V〕の電圧を加えたら何ワットの電力を消費するか。

[解き方]

抵抗器の抵抗値がわからないので、まず、この抵抗値を求めます。

① 抵抗器の抵抗値 R〔Ω〕は(1-8)式から、

$$R = \frac{P}{I^2} = \frac{10}{1^2} = \frac{10}{1} = 10〔\Omega〕$$

② 求める電力 P〔W〕は(1-9)式から、

$$P = \frac{E^2}{R} = \frac{50^2}{10} = \frac{2500}{10} = 250〔W〕$$

[9] コンデンサのリアクタンス

① コンデンサに交流電圧を加えると交流電流が常に流れますが、この電流を制限する抵抗作用があります。この作用を容量性リアクタンスまたは単にリアクタンスといい、単位はオーム〔Ω〕が用いられます。

② 静電容量C〔F〕のコンデンサに流れる交流電流の周波数（単位はヘルツ〔Hz〕）をf〔Hz〕とすれば、このコンデンサのリアクタンスX_C〔Ω〕は、次式で表されます。なお、$\omega=2\pi f$とします。また、ωは、ギリシャ文字でオメガと読みます。

$$X_C=\frac{1}{\omega C}=\frac{1}{2\pi fC}=\frac{1}{2\times 3.14\times f\times C} \quad \cdots\cdots\cdots \text{(1-10)}$$

● この式を利用する次の問題を解いてみてください。

［**問5**］図に示す回路において、コンデンサCのリアクタンスは、ほぼ幾らか。

100〔V〕 60〔Hz〕 C 150〔μF〕

［**解き方**］

① コンデンサCの静電容量の単位〔μF〕を〔F〕の単位に変換すると、150〔μF〕は150×10^{-6}〔F〕になります。

② コンデンサCのリアクタンスX_C〔Ω〕は(1-10)式から、

$$X_C=\frac{1}{\omega C}=\frac{1}{2\pi fC}=\frac{1}{2\times 3.14\times 60\times 150\times 10^{-6}}$$

$$=\frac{1}{3.14\times 18000\times 10^{-6}}=\frac{1}{3.14\times 18\times 10^{3}\times 10^{-6}}$$

$$=\frac{1}{3.14\times 18\times 10^{-3}}=\frac{1}{56.52\times 10^{-3}}$$

$$\fallingdotseq 0.018\times 10^{3}\fallingdotseq 18〔\Omega〕$$

③ 同様に設問が200〔V〕、50〔Hz〕、C：160〔μF〕の場合

$$X_C = \frac{1}{\omega C} = \frac{1}{2\pi fC} = \frac{1}{2\times3.14\times50\times160\times10^{-6}}$$

$$= \frac{1}{3.14\times16000\times10^{-6}} = \frac{1}{3.14\times16\times10^{3}\times10^{-6}}$$

$$= \frac{1}{50.24\times10^{-3}} \fallingdotseq 0.0199\times10^{3} \fallingdotseq 20〔\Omega〕$$

[10] コイルの電気的性質

① コイルは、導線を螺旋(らせん)状にしてインダクタンスを得る目的で作られた部品です。

② コイルに流れる電流が変化すると、その瞬間に、その電流の変化を妨げるような逆起電力が生じます。このような現象を自己誘導作用といいます。この電圧は、コイルを流れる電流の変化の大きさに比例し、このときの比例定数をコイルの自己インダクタンスまたは単にインダクタンスといい、単位はヘンリ〔H〕が用いられます。

③ コイルに交流電流を流した場合は、電流の大きさとその方向が時間とともに変化するので常に逆起電力が発生し、常に電流を制限する作用があります。このような働きを誘導性リアクタンスまたは単にリアクタンスといい、単位はオーム〔Ω〕が用いられます。

インダクタンスL〔H〕のコイルに流れる交流電流の周波数をf〔Hz〕とすれば、このコイルのリアクタンスX_L〔Ω〕は、次式で表されます。なお、$\omega=2\pi f$とします。

$$X_L = \omega L = 2\pi fL = 2\times3.14\times f\times L \quad \cdots\cdots\cdots \ (1\text{-}11)$$

したがって、コイルに交流電圧e〔V〕を加えた場合、流

れる交流電流 i〔A〕はオームの法則から

$$i = \frac{e}{2\pi fL}$$

となるので、周波数 f が高くなるほど交流電流 i は小さくなります。

④　コイルに交流電圧を加えると、電流は電圧が最小のとき最大になり、また、電圧が最大のとき電流は最小になります。このような電圧と電流の変化の仕方を、「交流電流の位相は、加えた電圧の位相より遅れている」といいます。

⑤　コイルに電流を流すと、コイルの導線の周囲に磁力線が発生するので、コイルの周囲に磁界を生じます。

●　(1-11)式を利用する次の計算問題を解いてみてください。

［**問6**］図に示す回路において、コイルのリアクタンスは、ほぼ幾らか。

［**解き方**］

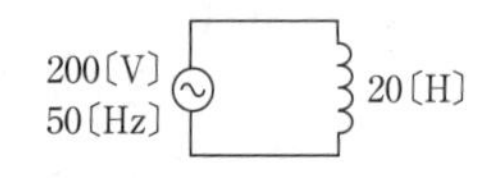

コイルのリアクタンス X_L は

(1-11)式から、

$X_L = \omega L = 2\pi fL$

$= 2 \times 3.14 \times 50 \times 20 = 6280$〔Ω〕$= 6.28$〔kΩ〕

［11］導線、コイルおよびコンデンサに流れる電流

①　抵抗値が R〔Ω〕の導線の両端に交流電圧 e〔V〕を加えたときに交流電流 i〔A〕が流れる場合、オームの法則から次のような関係があります。

$$i = \frac{e}{R}$$

したがって、導線の抵抗 R が大きくなるほど、交流電流 i は流れにくくなります。

また、導線の抵抗値は、導線の断面積に反比例して増減するので、断面積が小さい導線ほど抵抗値が大きくなり、導線を流れる交流電流 i は流れにくくなります。

② インダクタンス L〔H〕のコイルの両端に交流電圧 e〔V〕を加えたときに交流電流 i〔A〕が流れる場合、オームの法則から次のような関係があります。なお、X_L はコイルのリアクタンス〔Ω〕、f は交流電圧の周波数〔Hz〕です。

$$i = \frac{e}{X_L} = \frac{e}{2\pi fL}$$

したがって、コイルのインダクタンス L が大きくなるほど、交流電流 i は流れにくくなります。

③ 静電容量 C〔F〕のコンデンサの両端に交流電圧 e〔V〕を加えたとき交流電流 i〔A〕が流れた場合、オームの法則から次のような関係があります。なお、X_C はコンデンサのリアクタンス〔Ω〕、f は交流電圧の周波数〔Hz〕です。

$$i = \frac{e}{X_C} = \frac{e}{\dfrac{1}{2\pi fC}} = e \times 2\pi fC$$

したがって、コンデンサの静電容量 C が大きくなるほど、交流電流は流れやすくなります。

[12] 直列共振回路

① **図1-5図**のように、交流電源に対して静電容量C〔F〕のコンデンサとインダクタンスL〔H〕のコイルを直列に接続した回路を直列共振回路といい、R〔Ω〕の抵抗は、コイルの導線の抵抗分です。

図1-5　直列共振回路

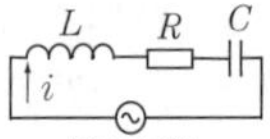

② 直列共振回路において、コンデンサの容量リアクタンス[(1-10)式参照]、コイルの誘導リアクタンス[(1-11)式参照]および抵抗の総合的な電流を制限する作用をインピーダンスといい、単位はオーム〔Ω〕が用いられます。

③ 直列共振回路において、交流電源の周波数を変化させてf〔Hz〕のとき、容量リアクタンスX_C $\left(\dfrac{1}{2\pi fC}\right)$と誘導リアクタンス$X_L$ $(2\pi fL)$が等しい場合、回路のインピーダンスは最小(回路の抵抗分だけ)になり、回路を流れる周波数f〔Hz〕の電流iは最大となります。このような現象を共振、交流電源の周波数f〔Hz〕を共振周波数といいます。

④ 直列共振回路は、$X_C = X_L$の場合に回路が共振するので、このときの共振周波数fは、

$$\frac{1}{2\pi fC} = 2\pi fL \quad (2\pi f)^2 = \frac{1}{LC} \quad f^2 = \frac{1}{(2\pi)^2 LC}$$

$$f = \frac{1}{2\pi\sqrt{LC}} \qquad \cdots\cdots\cdots \ (1\text{-}12)$$

● この式を利用する次の問題を解いてみてください。

[問7] 直列共振回路において、コイルのインダクタンスを一定にして、コンデンサの静電容量を$\frac{1}{4}$にすると、共振周波数

は元の周波数の何倍になるか。

［解き方］

コンデンサの静電容量を$\frac{C}{4}$にしたときの共振周波数f'〔Hz〕は(1-12)式から、

$$f' = \frac{1}{2\pi\sqrt{\frac{LC}{4}}} = \frac{1}{2\pi\sqrt{LC}\times\frac{1}{2}} = \frac{2}{2\pi\sqrt{LC}}$$

$$= 2\times\frac{1}{2\pi\sqrt{LC}} = 2f$$

すなわち、共振周波数f'は元の周波数fの2倍になります。

⑤　直列共振回路において、交流電源にいろいろの周波数の電流が含んでいる場合、静電容量C〔F〕(またはインダクタンスL〔H〕)を変化させて、共振周波数を交流電源のうちの特定の周波数に合わせる(同調させる)と、特定の周波数の電流iが最大になります。この電流はコンデンサおよびコイルを流れるので、これらの両端から交流電源の特定の周波数の電圧を取り出すことができ、周波数に対する選択性があります。このような目的に回路を使用するとき、この回路を同調回路、特定の周波数を同調周波数といいます。

[13]　並列共振回路

①　**図1-6**図のように、交流電源に対して静電容量C〔F〕のコンデンサとインダクタンスL〔H〕のコイルを並列に接続した回路を並列共振

図1-6　並列共振回路

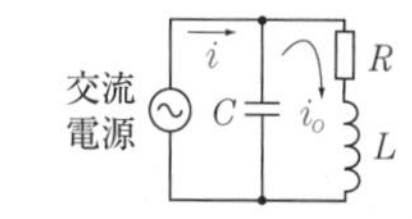

回路といい、R〔Ω〕の抵抗は、コイルの導線の抵抗分です。

② 並列共振回路において、交流電源の周波数を変化させて f〔Hz〕のとき、容量リアクタンス X_C と誘導リアクタンス X_L が等しい場合、回路のインピーダンスは最大になり、流れ込む f〔Hz〕の電流 i が最小、回路内を循環する f〔Hz〕の電流 i_o が最大になる現象を共振、交流電源の周波数 f〔Hz〕を共振周波数といいます。

③ 並列共振回路は、$X_C = X_L$ の場合に回路が共振するので、共振周波数 f は、直列共振回路の共振周波数と同じ(1-12)式で表されます。

④ 並列共振回路において、交流電源にいろいろの周波数の電流が含んでいる場合、静電容量 C〔F〕(またはインダクタンス L〔H〕)を変化させて、共振周波数を交流電源のうちの特定の周波数に合わせる(同調させる)と、回路に流れ込む特定の周波数の電流 i は最小、回路内を循環する特定の周波数の電流 i_o は最大になります。電流 i_o は、コンデンサおよびコイルに流れるので、これらの両端から交流電源の特定の周波数の電圧を取り出すことができ、周波数に対する選択性があります。回路をこのような目的に使用するとき、この回路を同調回路、特定の周波数を同調周波数といいます。

[14] N形半導体、P形半導体

① 純粋なシリコンまたはゲルマニウムの結晶(真性半導体)中に、ごく微量の砒(ひ)素やアンチモン(不純物)を混ぜ合わせて結晶を作ると、マイナスの電荷をもつ自由電子の数が

プラスの電荷をもつ正孔(ホール)の数より多いN形半導体を作ることができます。この半導体では、自由電子が電気を運びます。

② 純粋なシリコンまたはゲルマニウムの結晶(真性半導体)中に、ごく微量のインジウムやガリウム(不純物)を混ぜ合わせて結晶を作ると、正孔の数が自由電子の数より多いP形半導体を作ることができます。この半導体では、正孔が電気を運びます。

[15] バリスタ

電圧の変化によって、抵抗値が大きく変化する特性を利用している半導体素子です。

[16] ダイオード

① N形半導体とP形半導体とを接合したものを接合ダイオード、半導体ダイオードまたは単にダイオードといい、**図1-7**のような図記号で表します。矢印は電流の流れる方向を示しています。また、シリコンを用いた接合ダイオードをシリコン接合ダイオードといいます。

図1-7 ダイオード

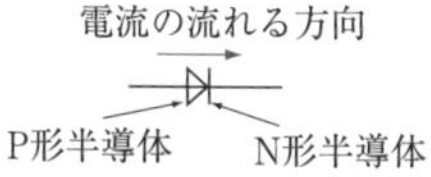

② 順方向電圧、逆方向電圧

図1-8(a)のように、ダイオードのP形半導体に正(+)、N形半導体に負(−)の電圧を加えると、ダイオードに図記号の矢印方向に電流が流れます。このように電流が流れる

図 1-8　ダイオードの図記号と順方向電圧/逆方向電圧

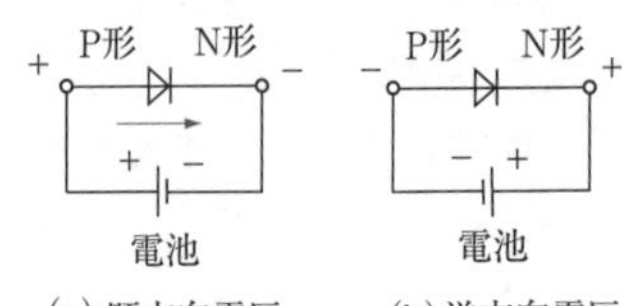

(a) 順方向電圧　(b) 逆方向電圧

ような極性の電圧を順方向電圧といいます。また、**図 1-8** (**b**) のように、ダイオードに**図 1-8** (**a**)とは逆の極性の電圧、すなわち、P 形半導体に負(−)、N 形半導体に正(+)の電圧を加えると、ダイオードにはほとんど電流は流れません。このように電流が流れないような極性の電圧を逆方向電圧といいます。

[17] 各種ダイオード

① バラクタダイオード

加えられた電圧の大きさによって、静電容量が変化することを利用するダイオードで、可変容量ダイオードともいいます。図記号は**図 1-9** (**a**) で表されます。

② ツェナーダイオード

ある値以上の逆方向電圧を加えると、電流が急激に流れだし、電圧がほぼ一定となることを利用するダイオード

図 1-9　各種ダイオードの図記号

(**a**)バラクタダイオード　(**b**)ツェナーダイオード　(**c**)発光ダイオード

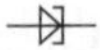

(**d**)トンネルダイオード　(**e**)ホトダイオード

（電源の［8］参照）です。図記号は**図 1-9**（b）で表されます。

③　発光ダイオード

順方向電圧を加えると接合面が発光するダイオードで、電気信号（電気エネルギー）を光信号（光のエネルギー）に変換する特性をもつダイオードです。図記号は**図 1-9**（c）で表されます。

④　トンネルダイオード

不純物の濃度が他の一般のダイオードに比べて高く、順方向電圧を加えると負性抵抗特性（電圧を増加させると電流が減少するような特性）を示すダイオードです。図記号は**図 1-9**（d）で表されます。

⑤　ホトダイオード

逆方向電圧を加えたPN接合部に光を当てると、光の強さに比例した電流が生ずるダイオードで、図記号は**図 1-9**（e）で表されます。

［18］接合形トランジスタ

①　接合形トランジスタは、N形半導体の間に極めて薄いP形半導体を接合したNPN形トランジスタと、その反対にP形半導体の間に極めて薄いN形半導体を接合したPNP形トランジスタがあります。このトランジスタは、半導体の自由電子と正孔の両方で動作するので、バイポーラトランジスタといいます。

②　電極の名称

接合形トランジスタは、両側に電極を付け、一方をエミ

図 1-10　トランジスタの図記号と電極の名称

(**a**) PNP形トランジスタ　(**b**) NPN形トランジスタ

ッタ(E)、他方をコレクタ(C)といい、また、中央の薄い半導体にも電極を付け、これをベース(B)といいます。

③　図記号

PNP形トランジスタの図記号と電極の名称は**図 1-10** (**a**)、NPN形トランジスタの図記号と電極の名称は図(**b**)のように表します。エミッタには電流の流れやすい向き(ベースを基準にして順方向)を示す矢印を付け、PNP形トランジスタは矢印を内側に向け、NPN形トランジスタは矢印を外側に向けて区別しています。

④　動　作

接合形トランジスタは、ベース・エミッタ間を流れるベース電流によってエミッタ・コレクタ間を流れるコレクタ電流を制御する電流制御形のトランジスタです。

[19] 電界効果トランジスタ(FET)

①　電界効果トランジスタ(FET)は、内部構造から**図 1-11**のように接合形とMOS形があります。このトランジスタは、半導体の正孔または自由電子のいずれかで動作するので、ユニポーラトランジスタといいます。

図 1-11　FET の内部構造と電極の名称

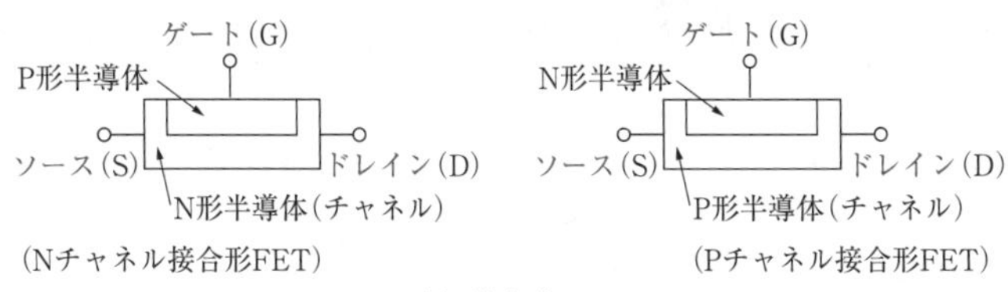

(a) 接合形FET

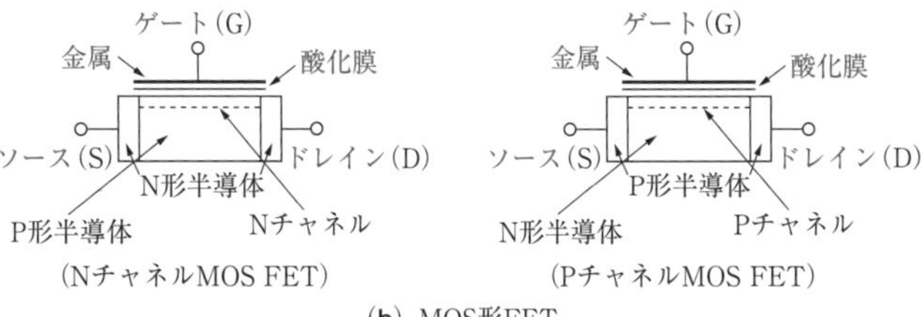

(b) MOS形FET

② FET は、**図 1-11** のようにソース、ゲートおよびドレインの電極を持ち、ドレインとソース間に電流が流れ、この電流の通路をチャネルといいます。

③ FET の電極名を接合形トランジスタの電極の名称と対比すると、ソースはエミッタ、ドレインはコレクタ、ゲートはベースに相当します。試験問題では、エミッタ、コレクタ、ベースの文字が空欄になっています。

④ FET は、チャネルに N 形半導体を用いた N チャネルと、チャネルに P 形半導体を用いた P チャネルの 2 種類があります。

⑤ 接合形 FET は、**図 1-11** のように、ゲートとチャネル間

がPN接続によって構成され、MOS FETは、ゲートとチャネル間が金属、酸化膜および半導体の3層で構成されています。

⑥ FETは、ゲート・ソース間に加えられたゲート電圧によってドレイン・ソース間のドレイン電流を制御する電圧制御形のトランジスタです。

⑦ MOS形FETは、次のようなデプレッション形とエンハンスメント形があります。

(1) デプレッション形……ゲート・ソース間に電圧を加えなくても、チャネルが形成され、ドレイン電流が流れる特性のMOS FETです。

(2) エンハンスメント形……ゲートとソース間に電圧を加えないと、チャネルが形成されず、ドレイン電流が流れない特性のMOS FETです。

⑧ FETの図記号と電極の名称は、**図1-12**のように表します。

⑨ 接合形トランジスタ(バイポーラトランジスタ)と比べたときのFETの特徴は

(1) 電圧制御のトランジスタである。

FETは、ゲート電流を流さないでゲート電圧(電界)によって、ドレイン電流を大きく変える電圧制御形のトランジスタです。

(2) 高周波特性が優れている。

周波数的には直流から極超短波(UHF)帯までの範囲で使用できます。

図 1-12　FET の図記号と電極の名称

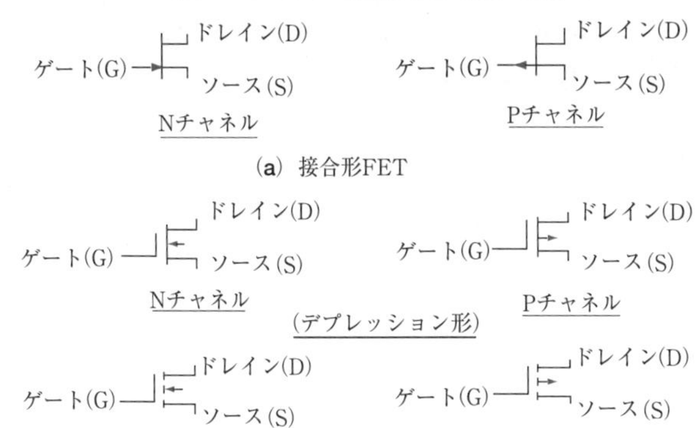

(3) 入力インピーダンスが高い。

FET は、ゲート・ソース間には、逆方向の電圧を加えているので、ゲート電流はほとんど流れません。このため、入力インピーダンスは高くなります。

(4) 内部雑音が少ない。

内部で発生する雑音が少ない、すなわち低雑音です。

[20] 電子の電界中の運動

図 1-13 のように、真空中を直進する電子に対して、その進行方向に平行で強い電界が加えられると、その電子の進行速度が変わります。

電子は、負の電荷を持っているので、正の電荷に吸引され、電子の進行速度が変わります。

図1-13　電子の電界中の運動

Keyword　平行電界は速度が変わる

電子回路

[1] トランジスタ増幅回路の電源の極性

交流などの振幅を増大することを増幅といい、増幅を行うための回路を増幅回路といいます。

① **図 2-1** のトランジスタ増幅回路は、エミッタ(E)を入力側と出力側との共通端子として接地しているので、エミッタ接地トランジスタ増幅回路といいます。

② PNP トランジスタの場合[**図 2-1**(a)]

(1) ベース側の直流電源 V_{BE} には、**図 2-1**(**a**)のようにエミッタに正(+)、ベースに負(−)の極性の順方向の電圧を加えます。

エミッタ・ベース間の PN 接合には、エミッタの矢印方向に電流が流れるような極性の順方向の電圧を加えます。

(2) コレクタ側の直流電源 V_{CE} には、**図 2-1**(a)のようにエ

図 2-1　トランジスタの電源電圧の加え方

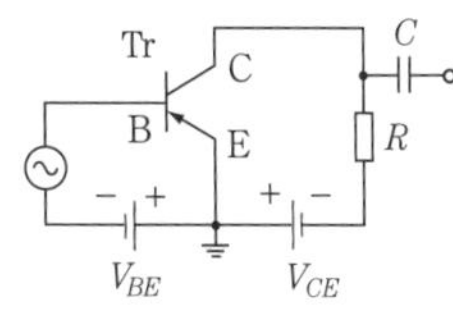

(**a**) PNPトランジスタ増幅回路の直流電源V_{BE}およびV_{CE}の極性

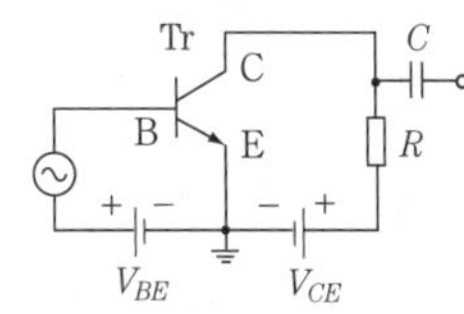

(**b**) NPNトランジスタ増幅回路の直流電源V_{BE}およびV_{CE}の極性

ミッタ(E)に正(+)、コレクタ(C)に負(−)の極性の電圧を加えます。

この場合、ベース・コレクタ間のNP接合には、逆方向の電圧($V_{CE} - V_{BE}$)が加わります。

③ NPNトランジスタの場合[**図2-1(b)**]

NPNトランジスタのベース・エミッタ間に流れる電流の方向は、PNPトランジスタの逆ですから、直流電源V_{BE}およびV_{CE}の極性もPNPトランジスタの場合と逆になります。

(1) ベース側の直流電源V_{BE}には、**図2-1(b)**のようにエミッタ(E)に負(−)、ベース(B)に正(+)の極性の順方向の電圧を加えます。

(2) コレクタ側の直流電源V_{CE}には、**図2-1(b)**のようにエミッタ(E)に負(−)、コレクタ(C)に正(+)の極性の電圧を加えます。

[2] コレクタ接地増幅回路の特徴

① **図2-2**のトランジスタ増幅回路は、コレクタを入力側と出力側との共通端子として接地する回路ですから、コレクタ接地増幅回路で、エミッタホロワ増幅回路ともいいます。

② この回路は、入力インピーダンスが高く、出力インピーダンスは低いという特徴があります。

図2-2 コレクタ接地増幅回路

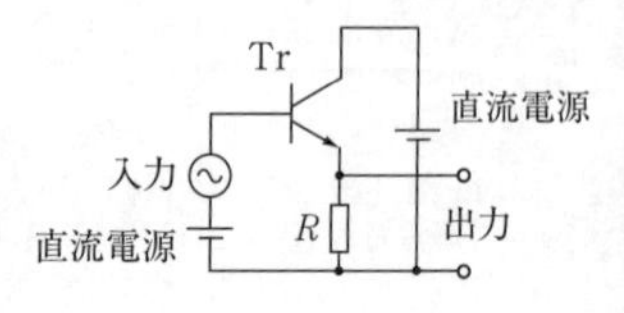

[3] ベース接地増幅回路の特徴

① **図 2-3** の回路は、NPN 形トランジスタを用いて、ベースを入力側と出力側との共通端子として接地したベース接地増幅回路の一例です。この回路は、ベースが接地されているので、ベース・コレクタ間の静電容量が少ないため、出力側から入力側への電圧の帰還が少なく、高周波増幅回路に適しています。試験問題では、NPN 形、ベース、帰還の文字が空欄になっています。

図 2-3　ベース接地増幅回路

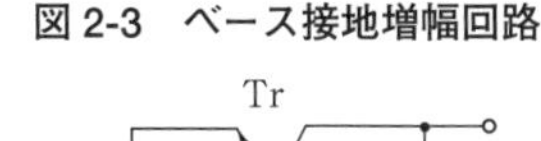

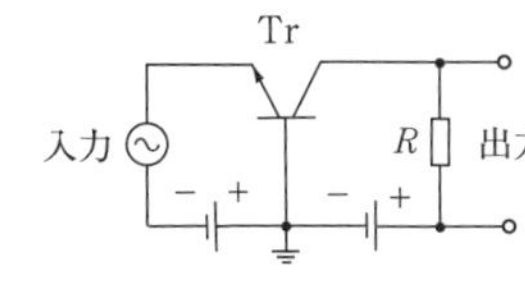

② トランジスタの型名は、図記号のエミッタの矢印が外側を向いているので NPN 形です。

③ 帰還とは、増幅回路の出力信号の一部を入力側に戻すことをいいます。高周波増幅回路において出力電圧が入力側に帰還されると発振の原因となります。

[4] エミッタ接地トランジスタ回路の電流増幅率

エミッタ接地トランジスタ回路の電流増幅率は、コレクタ電流の変化量をベース電流の変化量で割った値で表されます。試験問題では、エミッタ、コレクタ、ベースの文字が空欄になっています。

[5] 増幅方式

トランジスタ増幅器において、トランジスタの $V_{BE} - I_C$ 特性曲

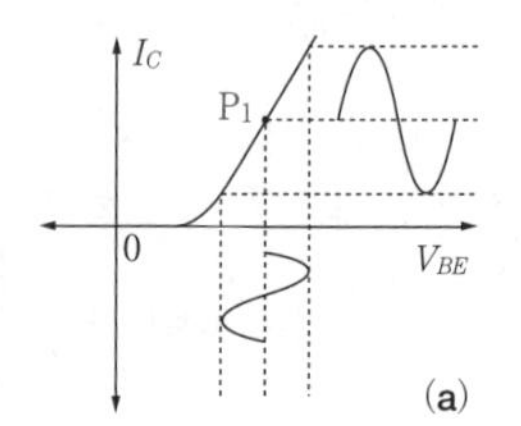

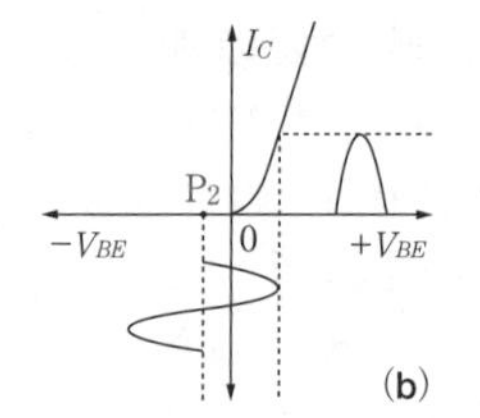

図 2-4
増幅方式による動作点 P の違い

線（ベース・エミッタ間の電圧 V_{BE} の変化に対するコレクタ電流 I_C の変化を表す特性曲線）のどの点を入力信号の動作点にするかによって、次のようにA級、B級およびC級増幅方式に分類します。

① **図 2-4**（**a**）のように、特性の P_1 点（特性曲線の直線部分の中央）を動作点とする増幅方式……A 級増幅

② 特性曲線においてコレクタ電流（I_C）が流れ始める点（コレクタ電流の遮断点）を動作点とする増幅方式……B 級増幅

③ **図 2-4**（**b**）のように、特性の P_2 点（B 級増幅の動作点より小さい電圧）を動作点とする増幅方式……C 級増幅

[6] FET 増幅回路の電源の極性

① **図 2-5** の N チャネル FET 増幅回路は、ソース（S）が入力側と出力側との共通端子として接地しているので、ソース接地 N チャネル FET 増幅回路といいます。

② **図 2-5** に示すソース接地 N チャネル FET 増幅回路の場合

(1) ゲート側の電源 V_{GS} には、ソース（S）に正（+）、ゲート（G）に負（−）の極性の逆方向の直流電圧を加えます。

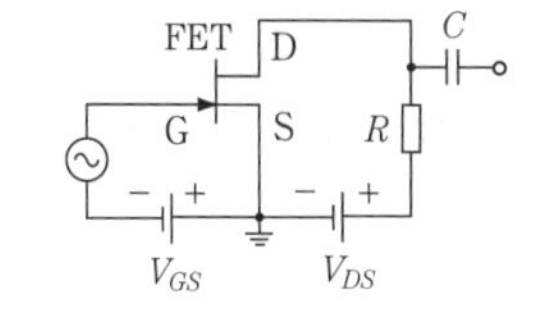

図 2-5
FET の電源電圧の加え方

ゲート・ソース間のPN接合には、ゲートの矢印方向と反対方向に電流が流れるような逆方向の電圧を加えます。

(2) ドレイン側の電源V_{DS}は、ドレイン(D)に正(+)、ソース(S)に負(−)の極性の直流電圧を加えます。

[7] コルピッツ発振回路

① 発振回路は、**図 2-6**(**a**)のような電気振動を**図 2-6**(**b**)のように一定振幅のまま持続させるための回路です。発振回路には、発振周波数がLCの同調回路によって決まるLC発振器(自励発振器)、水晶発振子の固有周波数によって決まる水晶発振器などがあります。

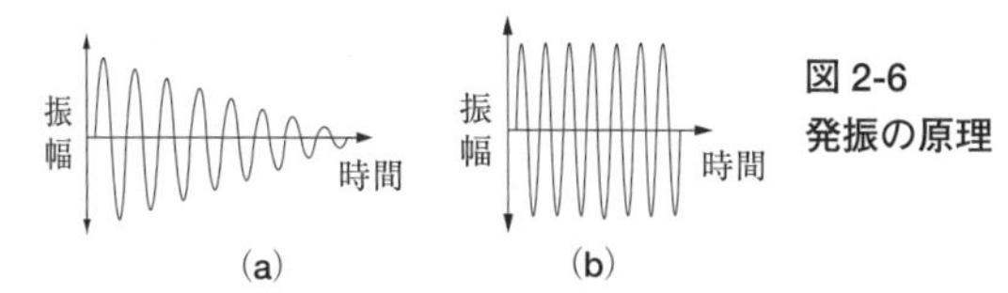

図 2-6
発振の原理

② 増幅回路の出力の一部を帰還回路によって入力側の交流電圧と同位相になるように帰還させると、出力の交流電圧はさらに増幅していき、増幅回路の飽和特性で決まる振幅で振動するようになります。これが発振の原理です。

③ **図 2-7** の発振回路は、出力電圧(Lの両端の電圧)をコン

デンサ C_1 と C_2 により分割し、出力電圧の一部の C_1 の電圧を入力に帰還しているコルピッツ発振回路の原理図です。なお、コルピッツは、人名です。

図 2-7　コルピッツ発振回路

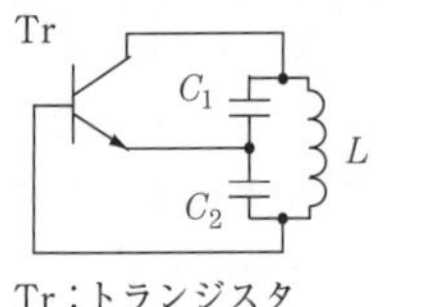

④　**図 2-7** のコルピッツ発振回路の発振周波数は、LC (C：C_1 と C_2 の合成静電容量) 並列回路の同調周波数になります。

[8] 位相同期ループを用いた発振器

①　**図 2-8** は、位相同期ループ (PLL) を用いて一つの基準水晶発振器を用い、多くの安定な周波数を得る周波数シンセサイザ発振器の基本的な構成例です。試験問題では、低域フィルタ (LPF) の文字が空欄になっています。

②　基準水晶発振器の基準 (出力) 周波数 f_R と、電圧制御発振器 (直流電圧により出力周波数を制御する発振回路) の出力周波数 f_O を可変分周器 (f_O を $\frac{1}{N}$ 倍にして出力する回路、N を分周比という) で $\frac{1}{N}$ に分周した周波数 ($\frac{f_O}{N}$) とを位相比較器に加えて両者の周波数を比較し、両者の周波数差に

図 2-8　PLL を用いた発振器の構成例

比例した出力電圧を取り出します。

この出力電圧に含まれている高周波成分は、低域フィルタで除去され直流電圧になり、この電圧により電圧制御発振器で周波数差が小さくなるように制御します。この繰り返しにより、位相比較器への二つの入力周波数が等しくなったときの電圧制御発振器の出力周波数 $f_O = Nf_R$ になります。

③ 可変分周器の分周比 N は可変ですから、電圧制御発振器の出力からは、周波数間隔が f_R、周波数が f_R の N 倍の、周波数安定度が基準水晶発振器と等しい多数の周波数が得られます。

④ 水晶発振器は、水晶の圧電効果を利用した発振器で、周波数の安定度が優れています（「送信機」の［2］の④参照）。

［9］振幅変調波の変調度

① 高周波を音声信号などの信号波で変化させることを変調、その高周波を搬送波、変調された高周波を変調波といいます。搬送波の振幅を、音声などの信号波の振幅に応じて変化させる変調方式を振幅変調（AM）といいます。

② **図 2-9**（**a**）の搬送波の振幅 E_C の搬送波を、（**b**）の単一正弦波の振幅 E_S で振幅変調した変調波形は、（**c**）のようになります。

③ **図 2-9**（**c**）の振幅変調した変調波の波形において、$\frac{E_S}{E_C} = M$ とすれば、$M \times 100$〔%〕を振幅変調波の変調度といいます。また、最大振幅を A、最小振幅を B とすれば、変調度

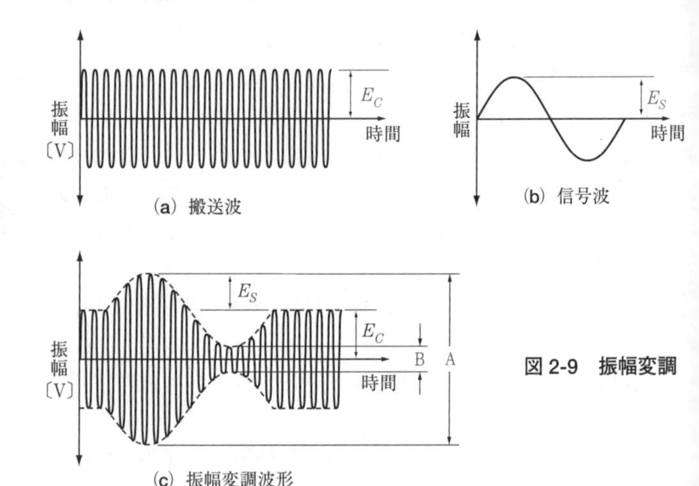

図 2-9　振幅変調

は、次のように表されます。

$$変調度 = \frac{A - B}{A + B} \times 100 \qquad \cdots\cdots\cdots (2\text{-}1)$$

● この式を利用する次の問題を解いてみてください。

［**問1**］図は単一正弦波で振幅変調した波形をオシロスコープで測定したものである。変調度は幾らか。

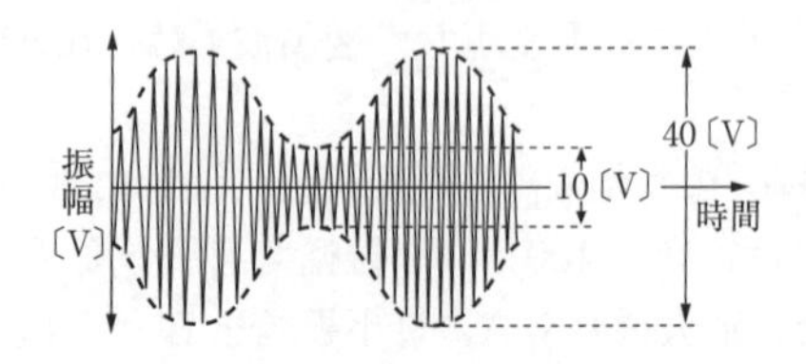

［解き方］

変調度は、題意の数値を (2-1) 式に代入すると、

$$変調度=\frac{A-B}{A+B}\times 100$$

$$=\frac{40-10}{40+10}\times 100=\frac{30}{50}\times 100=60〔\%〕$$

［**問2**］図は、単一正弦波で振幅変調した波形をオシロスコープで測定したものである。変調度は幾らか。

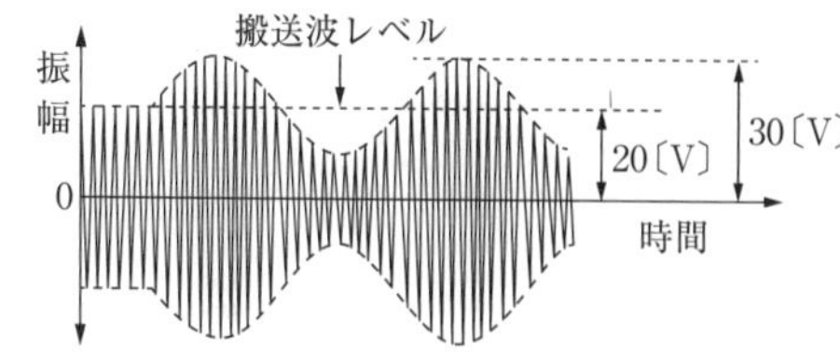

［解き方］

① 問題の図の振幅変調波形における 20〔V〕、30〔V〕は**図 2-9** の振幅変調波形にすると、$A = 30 \times 2 = 60$〔V〕、$B = (30 - 20) \times 2 = 20$〔V〕になります。

② ①の $A = 60$〔V〕、$B = 20$〔V〕を (2-1) 式に代入すれば、求める変調度は、

$$変調度=\frac{A-B}{A+B}\times 100=\frac{60-20}{60+20}\times 100=\frac{40}{80}\times 100=50〔\%〕$$

［10］周波数変換

① **図 2-10** のように、周波数 f の信号入力と、周波数 f_O の局部発振器の出力を周波数混合器で混合すると、出力側に流れる電流の周波数は、次のようになります。試験問題では、

$f > f_0$ の場合の周波数が出題されています。

$f > f_0$ の場合　$f \pm f_0$

$f < f_0$ の場合　$f_0 \pm f$

図 2-10　周波数混合器

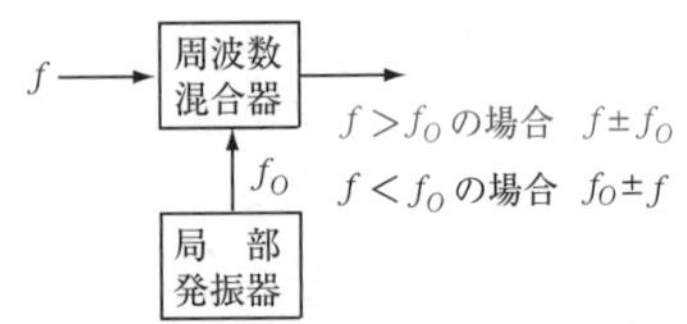

② このような作用を周波数変換といい、出力側に①の出力周波数のうちいずれかに同調する同調回路またはフィルタを設ければ、信号入力の周波数より高いまたは低い周波数を取り出すことができます。

[11] 論理回路

① 論理回路

電気信号が「ある」、「ない」の二つの状態で表す信号をデジタル信号といい、この信号を取り扱う回路をデジタル回路、また、デジタル信号を用いて演算(式に示されたとおりに計算をすること)を行うデジタル回路を論理回路といいます。論理回路は、電子計算機の演算回路や制御回路などの基本回路です。

② 真理値表

論理回路において、入力端子への入力信号の有無の組合せに対する出力端子の出力信号の有無の関係を「1」と「0」で表した表を真理値表といいます。

③ 代表的な論理回路

(1) AND(アンド)回路

二つ以上の入力端子と一つの出力端子をもち、入力が

図2-11　代表的な論理回路の図記号

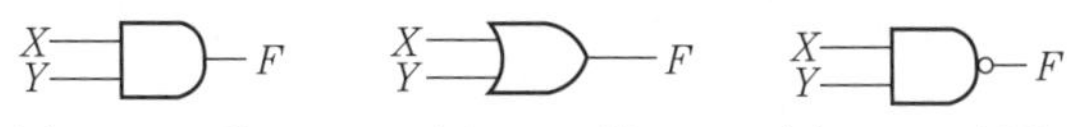

(a) AND回路　(b) OR回路　(c) NAND回路

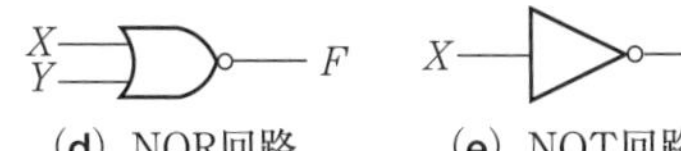

(d) NOR回路　(e) NOT回路

表 2-1　各論理回路の真理値表

入力 X	入力 Y	出力 F			
		AND 回路	OR 回路	NAND 回路	NOR 回路
1	1	1	1	0	0
1	0	0	1	1	0
0	1	0	1	1	0
0	0	0	0	1	1

すべて「1」のときだけ出力が「1」になる論理回路です。X と Y の二つの入力端子と F の出力端子をもつ AND 回路の図記号は、**図 2-11 (a)** で表され、真理値表は**表 2-1** のようになります。

(2) OR（オア）回路

二つ以上の入力端子と一つの出力端子をもち、入力が一つでも「1」であれば出力が「1」になる論理回路です。X と Y の二つの入力端子と F の出力端子をもつ OR 回路の図記号は、**図 2-11 (b)** で表され、真理値表は**表 2-1** のようになります。

(3) NAND（ナンド）回路

AND回路の出力側にNOT回路を接続した論理回路で、二つ以上の入力端子と一つの出力端子をもち、入力がすべて「1」のときだけ出力が「0」になり、他の入力の状態では、つねに出力が「1」になります。XとYの二つの入力端子とFの出力端子をもつNAND回路の図記号は、**図2-11**(**c**)で表され、真理値表は**表2-1**のようになります。

(4) NOR（ノア）回路

OR回路の出力側にNOT回路を接続した論理回路で、二つ以上の入力端子と一つの出力端子をもち、入力がすべて「0」のときだけ出力が「1」になり、他の入力の状態では、つねに出力が「0」になります。XとYの二つの入力端子とFの出力端子をもつNOR回路の図記号は、**図2-11**(**d**)で表され、真理値表は**表2-1**のようになります。

(5) NOT（ノット）回路

一つの入力端子と一つの出力端子をもち、入力が「1」のとき出力が「0」、また入力が「0」のとき出力が「1」になる論理回路です。Xの入力端子とFの出力端子をもつNOT回路の図記号は、**図2-11**(**e**)で表され、真理値表は**表2-2**のようになります。

表2-2　NOT回路の真理値表

入力X	出力F
1	0
0	1

送信機

[1] 送信機の緩衝増幅器

図3-1は、AM(A3E)送信機の基本的な構成例で、各部の動作は次のとおりです。

① 発振器は、正確かつ安定な周波数を発振するもので、発振周波数は発射する電波の搬送波の整数分の一の周波数です。

② 緩衝増幅器

(1) 緩衝増幅器は、発振器と周波数逓倍器の間に用いられます。

(2) 緩衝増幅器は、発振器に負荷の変動(電話送信機の場合は変調操作、電信送信機の場合は電鍵操作など)の影響を与えず、発振周波数を安定にするように、水晶発振器と次段との結合をできるだけ疎にするために用いられる増幅器で、普通A級で動作させます。

③ 励振(れいしん)増幅器は、周波数逓倍器の出力を電力増幅器の動作に必要な電圧まで増幅する増幅器で、一般にC級で動作さ

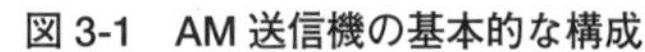
図 3-1 AM 送信機の基本的な構成

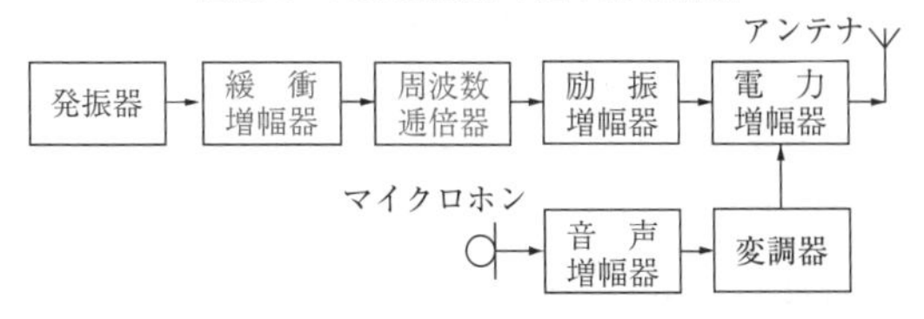

せます。

④　電力増幅器は、励振増幅器の出力電圧(搬送波)を必要な送信電力まで増幅してアンテナに供給する増幅器で、一般にC級で動作させています。また、変調器の出力で搬送波の振幅を変化させる振幅変調の作用もあわせて行わせています。

⑤　変調器は、音声増幅器の出力信号を電力増幅し、変調信号として電力増幅器に出力する増幅器です。

⑥　音声増幅器は、マイクロホンにより電気信号に変換された音声信号が小さいので、必要なレベルまで増幅する増幅器で、A級で動作させています。

Keyword　**緩衝増幅器は発振器の後 / 何事も疎が良い**

[2] 送信機の周波数逓倍器

①　周波数逓倍器は、発射する電波の周波数が、直接、発振器で発振できないほど高い場合、発振器の発振周波数を整数倍(2倍、3倍……)して、希望の周波数にする目的の増幅器です。

②　周波数逓倍器は、一般にひずみの大きいC級増幅回路が用いられ、その出力に含まれる高調波(入力周波数の整数倍の周波数)成分を取り出すことにより、基本周波数の整数倍の周波数を得ています。試験問題では、大きい、高調波の字句が空欄になっています。

③　水晶発振器に用いる発振周波数が10〔MHz〕ぐらいより高い水晶発振子の水晶片は、その厚みが非常に薄くなり製

造が難しく、超短波帯（VHF）の送信機では、C級動作の周波数逓倍器を用いて高い周波数の発射電波を得ています。試験問題では、薄く、C級の字句が空欄になっています。

④　水晶の結晶体をある定められた方向にしたがって板状に仕上げた水晶片は、電圧を加えると機械的ひずみを生じたり、圧縮力または伸張力を加えると起電力が生じます。この現象を水晶の圧電現象といいます。このような水晶片を金属の電極で挟んだ電子部品を水晶発振子といいます。水晶片の厚みによって決まる特定の周波数の交流電圧で圧電現象が極めて著しくなり、この周波数を水晶発振子の固有周波数といいます。

[3] AM送信機の振幅変調波の平均電力

①　振幅 E_C の搬送波を振幅 E_S の単一正弦波の変調信号波で振幅変調したとき、$\frac{E_S}{E_C}=M$ とすれば、$M\times100$〔%〕を振幅変調波の変調度といい、次のように表されます。

$$変調度=M\times100〔\%〕=\frac{E_S}{E_C}\times100〔\%〕$$

②　AM送信機において、振幅変調波（振幅変調された送信波）の平均電力 P_m〔W〕は、無変調波の搬送波電力の平均電力を P_C〔W〕、変調度を $M\times100$〔%〕とすれば、次のように表されます。

$$P_m=P_C\left(1+\frac{M^2}{2}\right) \quad \cdots\cdots\cdots (3\text{-}1)$$

● この式を利用する次の問題を解いてみてください。

[問1] AM(A3E)送信機において、無変調の搬送波電力を200〔W〕とすると、変調信号入力が単一正弦波で変調度が60〔%〕のとき、振幅変調された送信波の平均電力の値を求めよ。

[解き方]

① 変調度が60〔%〕のとき、$M \times 100 = 60$ですから、$M = \frac{60}{100} = 0.6$になります。

② (3-1)式に題意の数値を代入すれば、

$$P_m = 200\left(1 + \frac{0.6^2}{2}\right) = 200\left(1 + \frac{0.36}{2}\right) = 200 \times 1.18$$
$$= 236〔W〕$$

[4] SSB(J3E)電波の周波数成分

① AM(A3E)電波

搬送波を音声信号で振幅変調したAM(A3E)電波の周波数分布は、**図3-2(a)**のように搬送波を中心として上下に音声信号波成分を含む側波帯になり、電波の型式はA3Eです。また、AM電波は、DSB(Double Side Band;

図3-2 AM電波、SSB電波の周波数分布の違い

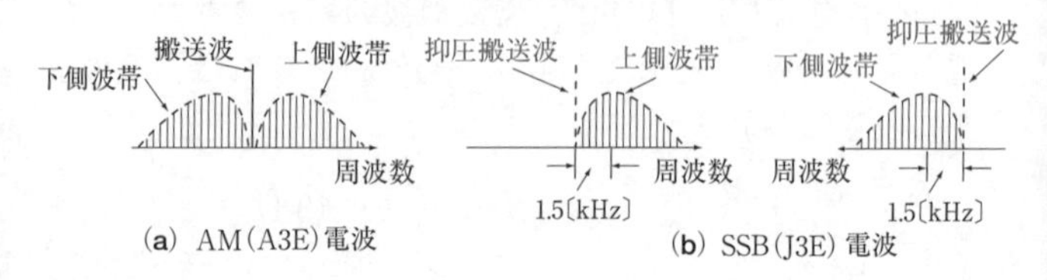

(a) AM(A3E)電波　(b) SSB(J3E)電波

両側波）電波ともいいます。

② SSB（J3E）電波

(1) **図 3-2(b)**のように AM 電波の搬送波を抑圧（除去）し、音声信号波成分を含む上下いずれかの単側波帯だけの AM 電波を SSB（Single Side Band；単側波帯）電波といい、電波の型式は J3E です。

(2) SSB（J3E）電波の周波数分布は、**図 3-2（b）**のようになり、抑圧搬送波の周波数は、上側波帯の場合はその中心周波数から 1.5〔kHz〕低い、また、下側波帯の場合はその中心周波数から 1.5〔kHz〕高い周波数です。

[5] リング変調回路

① **図 3-3** のリング変調回路において、信号周波数 f_S を ab 端子に、搬送波周波数 f_C を cd 端子に同時に加えると、出力には、$f_C \pm f_S$（上側波 $f_C + f_S$ および下側波 $f_C - f_S$）の周波数成分が現れ、f_C と f_S は現れません。

図 3-3　リング変調回路

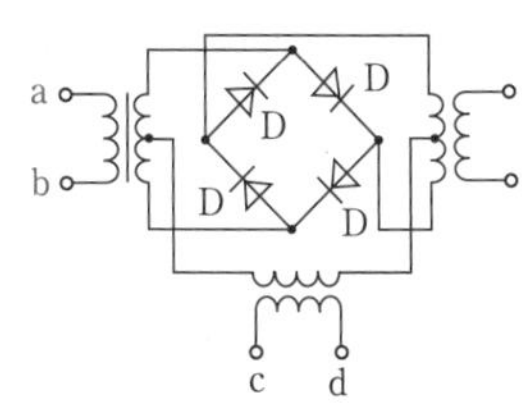

② 試験問題では、「信号周波数を加える端子と出力に現れる周波数との組合せ」の問題と、「搬送波周波数を加える端子と出力に現れる周波数との組合せ」の 2 問が出題されています。

③ リング変調回路は、SSB 電波の復調回路にも用いられ、この場合は、リング復調回路といいます（**図 4-5** 参照）。

図 3-4　SSB 送信機の原理的な構成

[6] SSB 方式の電話送信機の基本構成

① **図 3-4** は、SSB (J3E) 方式の無線電話送信機の原理的な構成例です。試験問題では、この基本構成図のうち、帯域フィルタおよび電力増幅器の欄が空欄になって出題されます。

② **図 3-4** の SSB (J3E) 方式の無線電話送信機の原理的な構成例における各部の動作は、次のとおりです。なお、信号波は音声信号とします。

(1) 平衡変調器は、リング変調器と同じように、信号波の周波数 f_S と局部発振器の発振周波数 f_C を同時に加えると、出力側には f_C が抑圧され、上側波帯 ($f_C + f_S$) と下側波帯 ($f_C - f_S$) の両側波帯の周波数成分が現れます。

(2) この両側波帯のうち不要な側波帯を帯域フィルタで除去すれば、上または下側波帯のいずれかの SSB (J3E) 波が得られます。

(3) このSSB波は、励振増幅器で増幅され、電力増幅器により必要な電力に増幅されてアンテナから発射されます。

③ **図 3-4** の帯域フィルタ出力の SSB 波 (変調波) の周波数

図 3-5　周波数変換部を設けた SSB 送信機の基本構成

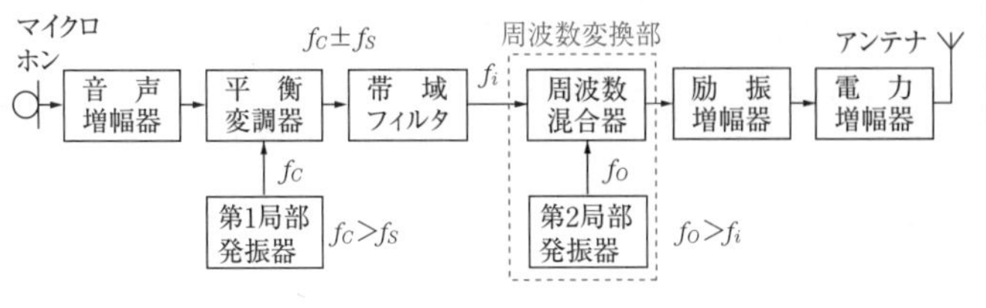

［図 3-2 (b) の上、下側波帯の抑圧搬送波周波数より 1.5〔kHz〕高いまたは低い周波数］を、送信周波数まで高めるには、図 3-5 のように周波数混合器と第 2 局部発振器で構成する周波数変換部（「電子回路」の［10］周波数変換参照）を設けて周波数変換を行います。

例えば、帯域フィルタ出力の SSB 波の周波数を f_i、第 2 局部発振器の発振周波数を f_O（一般に $f_O > f_i$ とする）とすれば、周波数混合器の出力には、周波数変換作用により $f_O + f_i$ と $f_O - f_i$ の SSB 波が得られます。このいずれかの周波数に同調させた出力側の同調回路により、f_i より高い送信周波数の SSB 電波を取り出すことができます。

④　SSB 波（変調波）の周波数を所要の周波数に高くする場合、図 3-1 の AM（A3E）送信機で設けている周波数逓倍器で変調波の周波数を整数倍すると、変調波の抑圧搬送波と上または下側波帯の両方の周波数が逓倍され、抑圧搬送波と側波帯の周波数間隔［図 3-2 (b) 参照］が変わるので、周波数逓倍器は使用できません。このため、SSB 波の周波数を所要の周波数に高くするのには、③のように周波数変換

により行います。

⑤ ALC (Automatic Level Control) 回路は、SSB 送信機の電力増幅器にある一定のレベル以上の入力電圧が加わったとき、前段の励振増幅器の増幅度を自動的に下げて電力増幅器の入力レベルを制限し、送信出力波形のひずみを軽減する働きをします。

[7] FM 送信機

① 直接 FM 方式の FM (F3E) 送信機

(1) **図 3-6 (a)** は、直接 FM 方式の FM (F3E) 送信機の原理的な構成例です。試験問題では、IDC 回路、電力増幅器の欄が空欄になっています。

搬送波の発振回路は、位相同期ループ (PLL) 回路を用い周波数シンセサイザの電圧制御発振器で、搬送波の周波数を音声信号に応じて変化させ、FM 波を出力しています。

(2) 位相比較器では、基準水晶発振器の周波数 f_R と電圧制御発振器の発振周波数 f_O の位相を比較し、両者の周波数差に応じた出力信号 (誤差信号) を取り出します。この出力電圧は、低域フィルタ (LPF) で高調波成分が除去され、位相差に比例する直流電圧に変換されたあと、電圧制御発振器に加えられ、この制御電圧により f_O が f_R の周波数になるように電圧制御発振器の発振周波数を制御します。

図 3-6　FM (F3E) 送信機の原理的な構成

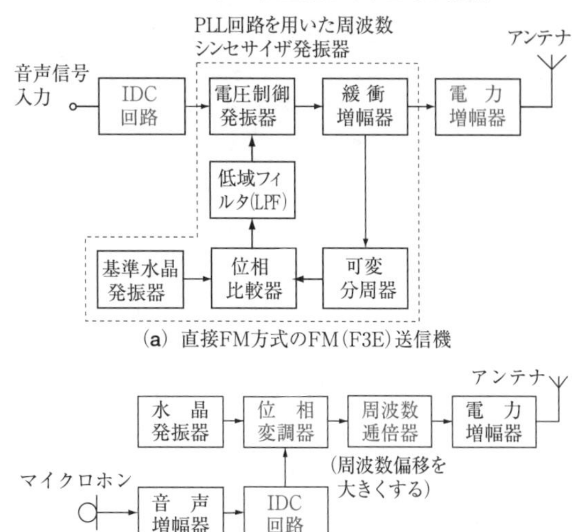

(a) 直接FM方式のFM (F3E) 送信機

(b) 間接FM方式のFM (F3E) 送信機

② 間接 FM 方式の FM (F3E) 送信機

(1) **図 3-6 (b)** は、間接 FM 方式の FM (F3E) 送信機の原理的な構成例です。試験問題では、IDC 回路、位相変調器、周波数逓倍器の欄が空欄になっています。

(2) 搬送波の周波数を音声などの信号波の振幅に応じて変化させる変調方式を周波数変調 (FM) といい、電波の型式は F3E です。また、FM 波 (変調波) は、信号波の振幅の大きさに応じて、搬送波の周波数を中心にして、上下にその周波数がずれます。この周波数のずれを周波数偏移といいます。

(3) 位相変調器は、水晶発振器の発振周波数の位相を音声信号の振幅に応じて変え、間接的に周波数を変化させる変調方式で、間接FM波を得ることができます。発振器の後段に位相変調器を設ける周波数変調方式を間接FM(間接周波数変調)方式といいます。

この間接FM波の周波数偏移は、信号波の振幅が大きいほど、また信号波の周波数が高いほど大きくなります。このため、いずれの場合もどんな大きな、または高い周波数の信号であっても間接FM波の周波数偏移を制限して、一定値内に収めるように制御するIDC(瞬時偏移制御、Instantaneous Deviation Control)回路を、音声増幅器と位相変調器の間に設けます。

(4) 位相変調器出力の間接FM波は、水晶発振器の発振周波数が低く、かつ、周波数偏移の大きさも小さいので、周波数逓倍器を用いて水晶発振器の発振周波数を整数倍して所要の送信周波数に高めるとともに、FM波の周波数偏移を大きくする目的を持っています。

[9] 高調波除去用のフィルタ

① 送信機で発生する高調波がアンテナから発射されるのを防止するため、出力端子にLPF(低域フィルタ)を接続します。このフィルタの減衰量は、基本波周波数(送信周波数)に対してなるべく小さく、高調波に対して十分大きくなければなりません。試験問題では、LPF、基本波、高調

波の文字が空欄になっています。

② ①の高調波の発射を防止するLPF(低域フィルタ)の遮断周波数は、基本波周波数(送信周波数)より高く、第2高調波(基本波周波数の2倍の周波数)の周波数より低くしなければなりません。フィルタの遮断周波数とは、通過周波数帯域と減衰周波数帯域との境界の周波数をいいます。

③ 送信機から発射される高調波は、発射する基本波周波数の電波と同時に発射される基本波周波数の2倍、3倍…というような整数倍の周波数の電波をいいます。また、送信機から発射される低調波は、発射する基本波周波数の電波と同時に発射される基本波周波数の $\frac{1}{2}$、$\frac{1}{3}$ …というような整数分の1の周波数の電波をいいます。

④ フィルタは、特定な周波数以下の低い周波数帯を通過させ、それ以上の高い周波数を減衰させる特性のLPF(低域フィルタ、Low-Pass Filter)、特定な周波数以上の高い周波数帯を通過させ、それ以下の周波数帯を減衰させるHPF(高域フィルタ、High-Pass Filter)、特定の周波数帯だけを通過させ、それ以外の他の周波数帯を減衰させるBPF(帯域フィルタ、Band-Pass Filter)、BPFとは逆に、ある特定の周波数帯を減衰させるBEF(Band-Elimination Filter)などがあります。

[10] 電信送信機

① ブレークイン方式

電信(A1A)送信機において、電けんを押すと送信状態になり、電けんを離すと受信状態になる電けん操作をブレークイン方式といいます。

② 電信波形の異常波形とその原因

図 3-7　正常な電信波形

図 3-7 は、電信送信機で電けん操作（搬送波をモールス符号で断続して発射電波を断続する操作）をしたときの出力の正常な電信（被変調）波形です。なめらかな台形をしています。

一方、次の表の左欄に示すような異常波形が現れる場合は、何らかの原因によって送信機にトラブルが発生しています。表の左欄は電信の異常波形の図、右欄は図のようになる原因です。

異常波形の図	原　　　　因
	電源の容量不足 （電源の電圧変動率が大きい）
	電けん回路のフィルタが不適当 （キークリックが生じている）
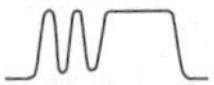	電けん回路のリレーのチャタリング （電けん回路のリレーの調整不良）
	寄生振動が生じている
	電源平滑回路の作用不完全 （電源のリプルが大きい）

(1) 電源の電圧変動率

電源の負荷の大小によってどの程度出力電圧が変化するかを表すのが電圧変動率で、電源の容量が不足していると、負荷の変動により出力電圧の変化が大きくなり、電圧変動率は大きくなります。

(2) 電けん回路のキークリック

電けん回路の電けんの接点に火花が生じると、受信側では符号の前と後でカツカツというキークリックを生じ、聞きづらくなったり、電波の占有周波数帯幅が広がります。このキークリックを防止するため、電けんの接点に並列にRとCを直列に接続したキークリック防止回路(キークリックフィルタ)を取り付けます。しかし、このフィルタが不適当だとキークリックを生じます。

(3) 電けん回路のリレーのチャタリング

電圧が高い回路や電流の大きい回路を断続する場合は、断続する回路へ直接電けんを接続せず、(ブレークイン)リレーを用いて間接的に回路を断続しています。このリレーの舌片が完全に接触しないで躍動することをチャタリングといい、リレーの調整不良によって生じます。

(4) 送信機の寄生振動

送信機の発振器や増幅器の目的とする周波数に関係のない別の周波数を発振することを寄生振動といいます。この場合、発射される電波を寄生発射といい、占有周波数帯幅が広がります。

(5) 電源平滑回路の作用不完全

電源の平滑回路のコンデンサの容量が不足していると、リプルが大きくなります。リプルは、平滑回路の出力電流に含まれる交流分をいいます。

[11] 周波数偏移通信(RTTY)

アマチュア局の24〔MHz〕帯以下の周波数帯において使用される、周波数偏移通信(RTTY)は、文字通信の一種で、電信符号のマークとスペースに対応して、指定周波数などを基準にそれぞれ正又は負へ一定値だけ偏移させるもので、一般的に5単位符号が用いられ、周波数偏移は170Hzです。また、通信速度を表す単位として、1単位(短点)の長さを秒で表した時間の逆数である「Baud」を用います。

マークとスペースの切り替え(偏移)は、搬送波を直接キーイングするFSK(Frequency Shift Keying)方式や可聴周波数により、キーイングした信号を、SSB送信機のマイクロホン端子などに入力して送信するAFSK(Audio Frequency Shift Keying)方式がありますが、AFSK方式は、音声出力に歪があると、歪による高調波が出力周波数に影響を及ぼし占有周波数帯域幅が広がる恐れがありますので、注意が必要です。

電信符号のマークかスペースのどちらかの電波が常に発射されているため、受信機側においてはAGCが有効に動作し、周期性フェージングの影響を軽減でき、マークかスペースのどちらかの周波数を固定し、他方の周波数の偏移量を大きくするほど信号対雑音比(S/N)が改善されますが帯域幅は広くなります。

復調は、2個の帯域フィルタ(BPF)によりマークとスペースの分離を行う方法がありますが、近年ではコンピュータのソフトウェアによる復調が使われることが多くなっています。

受 信 機

[1] DSB受信機の構成

① **図4-1**は、DSB(A3E)用スーパヘテロダイン受信機の構成例です。

② 試験問題では、(E)の検波器と(F)の低周波増幅器が入れ替わった誤った構成図で、また(E)の検波器と(D)の中間周波増幅器が入れ替わった誤った構成図で、それぞれ誤った部分を正す選択肢の2問が出題されています。

③ スーパヘテロダイン受信方式は、周波数変換部で受信(AM)電波の周波数を受信機内部の局部発振器の発振周波数と混合して、特定の中間周波数に変換してから検波する方式で、シングルスーパヘテロダインともいいます。

また、受信電波の周波数を2度異なる特定の中間周波数(第1中間周波数を高くし、第2中間周波数を低くする)に変換する受信方式をダブルスーパヘテロダイン方式といいます。

図4-1 DSB(A3E)受信機の構成

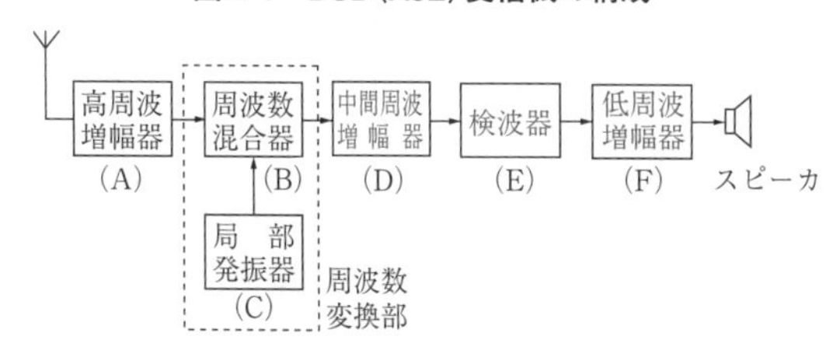

[2] 高周波増幅部を設ける目的

① シングルスーパヘテロダイン受信機において、高周波増幅部を設けると、周波数変換部で発生する雑音の影響が少なくなるため信号対雑音比(S/N)が改善されます。

試験問題では、高周波増幅部、周波数変換部、信号対雑音比の文字が空欄になっています。

② 受信機の内部で発生する雑音は、周波数混合器のトランジスタなどの内部で発生する雑音が最も大きいので、その前段に高周波増幅器を設けてAM波を増幅して、内部雑音より大きくすれば、受信機出力の信号対雑音比(S/N)が改善されます。

[3] 周波数変換部の作用

図 4-2　周波数変換部の作用

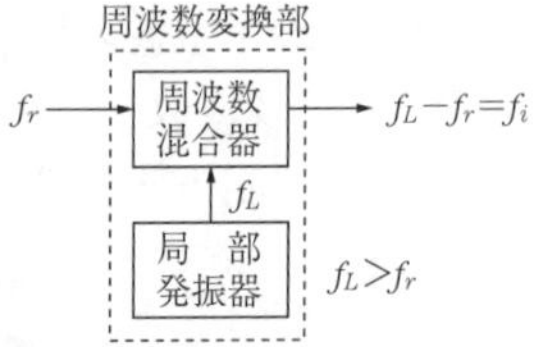

周波数変換部

f_r → 周波数混合器 → $f_L - f_r = f_i$

f_L

局部発振器

$f_L > f_r$

① **図 4-2** は、スーパヘテロダイン受信機の周波数変換部の構成で、受信周波数 f_r のAM波をこの周波数より低い特定の中間周波数 f_i のAM波に変換しています。一般に、局部発振器の発振周波数 f_L はAM波の受信周波数 f_r より高くしていますから、次のような関係になります(「電子回路」の[10] 周波数変換参照)。

局部発振周波数(f_L) − 受信周波数(f_r) = 中間周波数(f_i)

② したがって、局部発振周波数(f_L)は、次式から求められます。

局部発振周波数 (f_L) ＝受信周波数 (f_r) ＋中間周波数 (f_i) ……… (4-1)

● この式を利用する次の計算問題を解いてみてください。単位に注意しましょう。

[問1] 中間周波数が455〔kHz〕のスーパヘテロダイン受信機で、21.350〔MHz〕の電波が受信されているときの局部発振周波数は、幾らか。

[解き方]

① 455は〔kHz〕、21.350は〔MHz〕と単位が違うので、最初に単位を同じにします。455〔kHz〕をMHzの単位に直すと、0.455〔MHz〕になります。

② (4-1)式に題意の数値を代入すれば、局部発振周波数 f_L は、

$$f_L = f_r + f_i = 21.350 + 0.455 = 21.805 \text{〔MHz〕}$$

[4] 中間周波増幅器

① スーパヘテロダイン受信機の中間周波増幅器は、周波数混合器で作られた中間周波数の信号を増幅するとともに、近接周波数妨害を除去する働きをします。試験問題では、増幅器、近接周波数の文字が空欄になっています。

② 中間周波増幅器は、**図4-3(a)** のように2個の同調回路を結合さ

図4-3 中間周波変成器(IFT)および特性

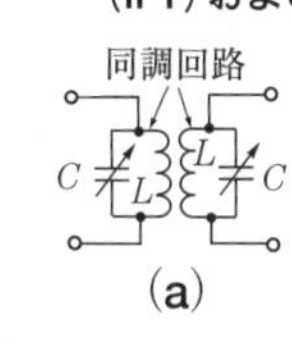

(a)

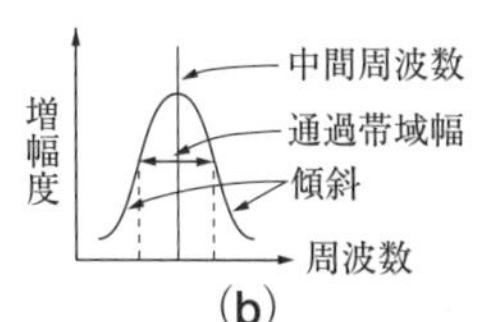

(b)

せた中間周波変成器(IFT)を用い、同調回路を中間周波数に同調させ、かつ、その結合を適当にすれば、**図4-3(b)**のような受信電波の占有周波数帯幅の通過帯域幅をもった特性とすることができます。近接周波数に対する選択度を良くするためには、両側の傾斜が急になるようにします。

図4-3図(a)中間周波変成器の一次側の同調回路は並列共振回路、二次側の同調回路は直列共振回路です。

③ スーパヘテロダイン受信機の中間周波増幅器の通過帯域幅が、受信電波の占有周波数帯幅に比べて極端に狭い場合には、必要とする周波数帯域の一部が増幅されないので忠実度が悪くなります。試験問題では、狭い、忠実度の文字が空欄になっています。

④ 忠実度とは、送信側から送られた信号が受信機の出力側でどれだけ忠実に再現できるかの能力を表します。

[5] 検波回路

① スーパヘテロダイン受信機の検波回路は、受信周波数を特定の中間周波数に変換したAM波から音声信号を取り出す働きをします。このため、検波回路には大きな中間周波増幅器の出力電圧が加わるので、検波回路には大きな入力に対して出力のひずみの少ない直線検波回路が用いられます。直線検波回路は、入力電圧－出力電流特性の直線部(電流が電圧に比例する)にAM波を加えて音声信号を取り出す検波方式です。

② 検波回路の可変抵抗器の調整

図 4-4 の(直線)検波回路において、可変抵抗器(抵抗値を連続的に変えられる抵抗器)VR のタップ T を

a 側に移動させる……低周波出力が増大する。

b 側に移動させる……低周波出力が減少する。

図 4-4 検波回路

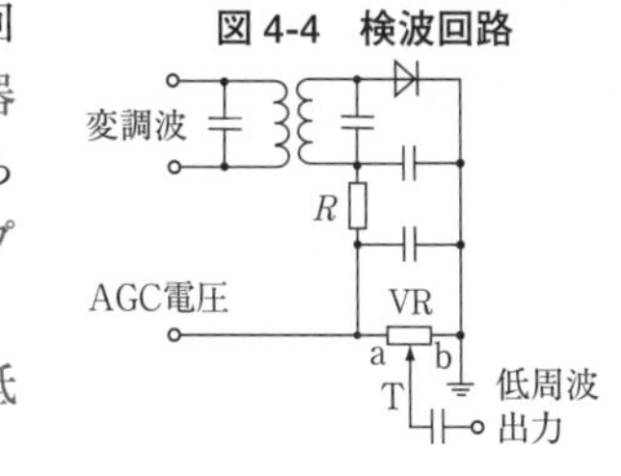

③ 変調波(中間周波増幅器の出力電圧)はダイオードによって(直線)検波され、抵抗と2個のコンデンサを組み合わせたフィルタ回路で高周波成分が取り除かれた検波出力電流が可変抵抗 VR に流れて、a－b 間に低周波出力電圧を生じます。タップ T を a 側に移動させると T－b 間の抵抗値が増加するので、低周波出力が増大し、また b 側に移動させると T－b 間の抵抗値が減少するので、低周波出力は減少します。

[6] AGC 回路

① スーパヘテロダイン受信機の AGC(自動利得制御：Automatic Gain Control)回路は、受信機の受信入力信号レベルが変動しても出力をほぼ一定にするための回路です。

② AGC 回路は、検波器の出力から直流電圧を取り出し(**図 4-4** 参照)、この電圧を中間周波増幅器などに加えます。

入力信号が強い場合には、この電圧は大きくなって中間周波増幅器などの増幅度を低下させ、入力信号が弱い場合には、増幅度が減少しないように、自動的に増幅度を制御します。

Keyword　AGC は出力を一定に

[7] SSB 受信機の復調器

SSB (J3E) 電波は、送信側で搬送波が抑圧されている[**図 3-2 (b)** 参照] ので AM 用の (直線) 検波器では検波できません。このため、受信側で抑圧された搬送波に相当する周波数 (中間周波数から 1.5〔kHz〕離れた周波数) を加える必要があり、**図 4-5** のように復調用局部発振器 (水晶発振器) を設けて、その出力周波数を復調器 (リング復調回路) に加えて検波し、受信信号を得ています。

図 4-5　SSB の復調

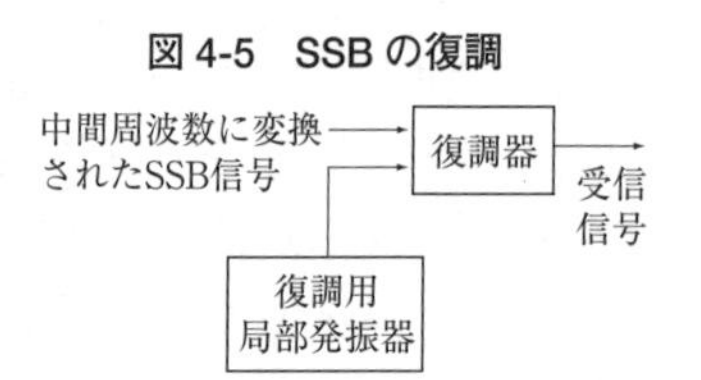

[8] SSB 受信機のクラリファイヤ (またはRIT)

① クラリファイヤ (または RIT；Receiver Increment Tuning) は、受信信号の明りょう度を良くする目的で設けています。

復調器に加わる中間周波数に変換された SSB 信号の中心周波数がずれると、復調用局部発振器の出力周波数より正確に1.5〔kHz〕高く、または低くならなくなるので、受信信号がひずんで明りょう度が悪くなります。これを良くするためにクラリファイヤまたはRITを設けます。

② クラリファイヤまたはRITの調整は、局部発振器の発振周波数を変化させます。

受信信号がひずんで明りょう度が悪くなった場合は、**図4-2**の周波数変換部の局部発振器の発振周波数をわずかに変化させることによって、復調器に加わる中間周波数に変換されたSSB信号の中心周波数が、復調用局部発振器の出力周波数より正確に1.5〔kHz〕高く、または低くなるようにします。この局部発振器の周波数の調整器をクラリファイヤまたはRITといいます。

Keyword クラリファイヤ(またはRIT)は明りょう度

[9] FM受信機の周波数弁別器

① 周波数弁別器は、周波数の変化を振幅の変化に変換する回路であり、主としてFM波の復調に用いられます。試験問題では、周波数、振幅、復調の文字が空欄になっています。

② FM波は、搬送波の周波数を信号波の振幅で変化させているので、FM波をそのままAM波の検波器で検波しても、信号波を復調することはできません。このため、周波数の変化を振幅の変化に変換してからAM波用の検波器に加えて復調します。このように、二つの働きを行う回路を周波数弁別器といいます。

[10] 無線電信受信機のBFO

① A1A 電波［搬送波を電信符号（モールス符号など）で断続した電波］を受信する無線電信受信機の BFO（ビート周波数発振器）は、受信信号を可聴周波信号に変換する回路です。

② DSB（A3E）受信機で A1A 電波を受信すると、A1A 電波は搬送波を断続したものですから、単に直線検波しただけでは、直流分の断続によるコツコツというクリック音しか受信できません。したがって、可聴音を得るためには、BFO が必要になります。

③ BFO は、**図 4-6** のように検波器に付加し、検波器に中間周波数 f_i の電信信号波と、この周波数より可聴周波数 f_O だけ離れた BFO の発振周波数 f_L を加えて混合し検波すると、出力側には $(f_L - f_i)$ または $(f_i - f_L)$ の可聴周波数 f_O の電信信号波が得られます。

図 4-6　BFO

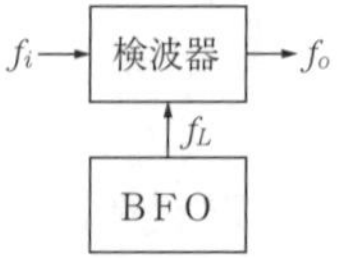

f_i → 検波器 → f_o

↑ f_L

BFO

Keyword　**BFO は可聴周波信号**

[11] 影像周波数混信を軽減する方法

① スーパヘテロダイン受信機において、受信周波数より中間周波数の 2 倍だけ高い、または低い周波数を影像（イメージ）周波数といい、受信周波数に対して影像周波数に該当する電波が受信されると、同じ中間周波数の値となり、受信周波数に混信を与えます。この混信を影像周波数混信

(影像混信) といいます。

② 影像周波数混信を軽減する方法

(1) 中間周波数を高くする。

影像周波数は、(受信周波数) ± (2 × 中間周波数) の位置関係にあるので、中間周波数が高いほうが受信周波数との差が大きくなり、妨害を受けにくくなります。

(2) 高周波増幅部の選択度を高くする。

高周波増幅部で影像周波数に対する選択度が向上するので影像周波数の信号は減衰し、それだけ混信が軽減します。

(3) アンテナ回路にウェーブトラップを挿入する。

ウェーブトラップは、LC の直列または並列共振回路をいいます。この回路を受信機のアンテナ回路にそう入して、影像周波数に同調させることによって高いインピーダンスをもたせ、影像周波数の電波を減衰させます。

(4) 中間周波増幅部の利得 (増幅度) を下げることは、影像混信を軽減することにはなりません。

[12] 近接周波数による混信を軽減する方法

① スーパヘテロダイン受信機の受信周波数に近接した周波数の強力な電波があると、その電波が同時に受信されて混信を受けます。これを近接周波数混信といいます。

② 近接周波数による混信を軽減する最も効果的な方法としては、中間周波増幅部に通過帯域外の減衰傾度の大きい (適切な特性の) 帯域フィルタ (BPF) を用いて中間周波数

の通過帯域幅を狭くします。

[13] 中間周波変成器の調整が崩れ、帯域幅が広がった場合の現象

スーパヘテロダイン受信機において、中間周波増幅部の中間周波変成器(IFT)の調整が崩れ、帯域幅が広がると、必要としない周波数帯域の信号まで増幅されるので、近接周波数による混信を受けやすくなります。

Keyword 帯域が広がれば混信を受ける

Keyword フィルタを使えば狭くなる

[14] 感度抑圧効果

スーパヘテロダイン受信機において、希望する電波を受信しているとき、その近くの周波数に強力な電波が現れると、受信機の高周波増幅器や中間周波増幅器が飽和状態になり、利得が低下して受信機の感度が低下する現象を感度抑圧効果といいます。

電波障害

[1] 電波障害

① 無線局の電波が近所のテレビジョン受像機に電波障害(画像が乱れたり、音声などの放送受信に妨害)を与えることを、通常TVI(テレビ受信障害)といいます。

② 無線局の電波が近所のラジオ受信機に電波障害(音声などの放送受信に妨害)を与えることを、通常BCI(ラジオ受信障害)といいます。

Keyword **TVはTVI/ラジオはBCI**

[参考]

① 「EMC」(Electro-Magnetic Compatibilityの略)は、機器等の性能を劣化させるような電磁妨害波を他の機器に与えず、かつ、その電磁環境において満足に動作するための機器等の能力をいいます。

② 「ITV」(Industrial Televisionの略)は、産業用テレビジョンで、産業、商業、教育、学術研究などに使用するテレビジョンです。

③ 「アンプI」は、無線局の電波が電子楽器などの低周波増幅部に混入する電波障害をいいます。

④ 「テレフォンI」は、電話機や電話線に誘起した無線局の電波が電話機に混入する電波障害をいいます。

[2] 混変調による電波障害

ラジオ受信機などに付近の無線局から変調された強力な不要電波が混入すると、回路の非直線動作により受信された信号が受信機の内部で不要電波の変調信号により(振幅)変調され、電波障害を起こすことがあります。この現象を混変調といいます。

Keyword 内部で変調されるのは混変調

[3] 短波帯の基本波による電波障害の防止対策

① アマチュア局から発射された短波(HF)帯の基本波(発射電波の周波数)によって他の超短波(VHF)帯の受信機に混変調による電波障害が生じた場合の防止対策としては、この受信機のアンテナ端子と給電線の間に、高域フィルタを挿入します。

② この電波障害の原因は、混変調のためですから、短波帯の電波を減衰させ、この周波数より高い超短波(VHF)帯以上の電波を通過させる特性の高域フィルタ(HPF、ハイパスフィルタ)により、短波帯の電波が受信機のアンテナ端子から入らないようにします。

Keyword 混変調の防止には高域フィルタ

[4] 受信ブースタの電波障害の防止対策

受信ブースタは、アンテナで受信した電波を増幅する機器で、テレビアンテナの直下に取り付けたり、卓上形のものを設置します。

地上デジタルテレビ放送（地デジ）用の受信ブースタは、470～710〔MHz〕と非常に広帯域の増幅特性をもち、かつ、高利得の増幅器です。アマチュア局から発射された435〔MHz〕帯の電波がテレビアンテナなどに誘起して受信ブースタに混入すると、混変調による電波障害を生じます。防止対策としては、地デジアンテナと受信用ブースタの間に、430〔MHz〕帯の電波を減衰させるトラップフィルタ［ある周波数帯だけを減衰させ、それ以外の周波数帯を通過させる帯域消去フィルタ（BEF：Band Elimination Filter）］を挿入します。

[5] 送信設備の電波障害の発生原因

送信設備（送信装置と送信アンテナ系からなる電波を送る設備）から電波が発射されているとき、次のような場合は、電波障害の発生原因になります。

① 過変調になっている。

DSB（A3E）送信機において、過変調になると変調波形がひずんで、高調波を含むことになるので、その高調波が他の電波の周波数に該当するときは、電波障害の原因になります。なお、過変調というのは、DSB 送信機で信号波の振幅が搬送波の振幅より大きい場合に、変調波形がひずむ状態です。

② 寄生振動が発生している。

送信機において寄生振動（194 ページ参照）が発生して電波として発射され、その周波数が他の電波の周波数に該当するときは、電波障害の原因になります。

③　送信アンテナが送電線に接近している。

送信アンテナが家庭に電気を供給している送電線に接近していると、送電線に送信機からの電波が誘起して、他の受信機の電源から混入するときは、電波障害の原因になります。

④　送信機の終段の同調回路とアンテナとの結合が密結合になっている。

密結合になっていると、電力増幅器の出力に多くの高調波が含まれるようになり、この高調波が発射され他の電波の周波数に該当するときは、電波障害の原因になります。このため、送信機の終段の同調回路とアンテナとの結合は疎結合にします。

⑤　電けん回路でキークリックが発生している。

電信(A1A)送信機において、キークリック(194ページ参照)が発生していると、発射される電波に多くの高調波が含まれるので、他の電波の周波数に該当する高調波があるときは、電波障害の原因になります。

Keyword　密はNG、疎はOK

[6] 高調波による電波障害

送信機から発射される電波には、基本波の周波数の他に、基本波の周波数の整数倍(2倍、3倍など)にあたる周波数の電波、すなわち高調波も同時に発射され、他の電波の周波数に該当するときは、電波障害の原因になります。

[7] 送信機における電波障害の防止対策

① LPFまたはBPFを挿入する。

送信機で発生する高調波がアンテナから放射されないようにするため、送信機の出力端子とアンテナ系の給電線の間にLPF(低域フィルタ、ローパスフィルタ)またはBPF(帯域フィルタ、バンドパスフィルタ)を挿入します。LPFは、ある周波数以下の低い周波数成分を通過させ、高い周波数成分(高調波)を減衰させる特性をもっています。BPFは、ある周波数帯だけを通過させ、その他の周波数(高調波)を減衰させる特性をもっています。

② キークリック防止回路を設ける。

電けん回路でキークリック(p.194参照)が発生している場合は、発射される電波に多くの高調波が含まれるので、キークリック防止回路(キークリックフィルタ)を設けます。

③ 高調波トラップを使用する。

特定な高調波による電波障害がある場合は、高調波トラップ回路を送信機の出力端子とアンテナ系の給電線の間に挿入し、その高調波を除去します。高調波トラップ回路は、一般には高調波の周波数に同調するLCの直列または並列共振回路が用いられます。

④ 給電線結合部は、誘導結合とする。

送信機の終段電力増幅器の同調回路とアンテナとの結合に、**図5-1**のような誘導結合を用いている場合、コイルL_1とL_2を接近させ、L_1に交流電流を流すと発生する磁力線

図 5-1　静電結合

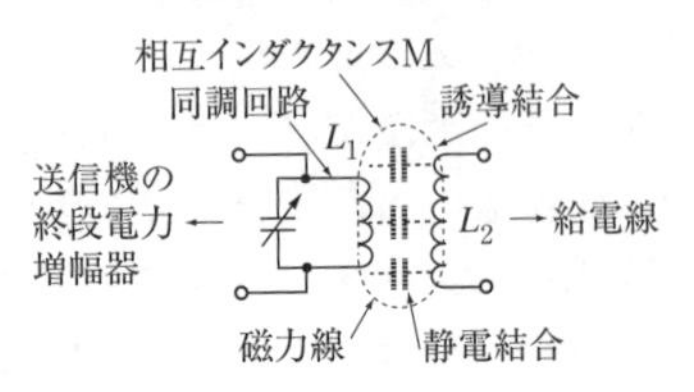

がL_2に鎖交し、誘導結合（電磁結合）によりL_2に誘導電流が流れます。この場合、L_1とL_2の誘導間の静電容量（静電結合）によって、L_1に流れる電流の電波障害の原因になる高調波成分がL_2に誘導します。この静電結合をさけるために、コイルL_1とL_2との結合を疎結合にしたり、コイル間に金属板を入れて接地し、静電しゃへいをすることもあります。

Keyword　キークリックと高調波は電波障害の原因

[8] 他の無線局の受信設備への妨害

無線局から発射される電波に高調波が含まれているときは、他の無線局の受信設備に妨害を与えるおそれがあります。

[9] 空電による雑音妨害を最も受けやすい周波数帯

中波（MF）帯、短波（HF）帯、超短波（VHF）帯および極超短波（UHF）帯のうちで、受信の際、空電（雷など）による雑音妨害は、周波数が低くなるほど受けやすく、最も受けやすい周波数帯は短波帯以下です。

[10] 送信機側での雑音電波の発生防止の措置

送信機で雑音電波の発生防止として有効な措置は、次のものがあります。しかし、各種の配線を束ねるようなことをするのは、自己発振や寄生振動による雑音電波の発生の原因になり、送信機でとる防止措置にはなりません。

① 高周波部をシールド(遮蔽(しゃへい))する。

② 接地を完全にする。

高周波部のシールドを厳重にするため送信機の接地を完全にします。

③ 電源側にノイズフィルタを入れる。

寄生振動による妨害電波や高調波などが送信機の電源側から送電線に漏れて、他の受信機の電源から混入すると電波障害の原因になります。このため、送信機の電源回路にノイズフィルタ(ラインフィルタ、LPF)を挿入します。

[11] ハウリング、ブロッキング

① ハウリング

低周波増幅器の入力端子にマイクロホンが接続されているときに、スピーカから出る音の一部がマイクロホンに入って、ピーというような音の一種の低周波発振が生ずる現象をいいます。

② ブロッキング

LC 発振器で突発的に発振が止まる現象をいいます。

電　源

[1] 接合ダイオードの特性

① 接合ダイオードのP形半導体に正(+)、N形半導体に負(−)の順方向の電圧を加えると電流が流れるので、内部抵抗が小さいことになります。逆に、N形半導体に正(+)、P形半導体に負(−)の逆方向の電圧を加えると電流はほとんど流れないので、内部抵抗が大きいことになります。

② 接合ダイオードは、順方向電圧のとき電流が流れ、逆方向(逆)電圧のときは電流は流れにくい性質があります。これを整流作用といい、**図6-1**(a)のように(接合)ダイオードDに交流電圧を加えると、**図6-1**(c)のような脈流(脈動電流)を得ることができます。

③ 脈流は、電流の方向は変わらないが、大きさが時間とともに変化する一種の直流で、直流分と交流分(リプル)が重ね合ってできています。

[2] 正弦波交流の最大値、実効値、平均値

交流の瞬時値のうちで最も大きな値を最大値といい、正弦波交流では、平均値は最大値の $\frac{2}{\pi}$ 倍になり、実効値は最大値の $\frac{1}{\sqrt{2}}$ 倍になります。また、交流の大きさは、一般に実効値で表します。試験問題では、$\frac{2}{\pi}$、$\frac{1}{\sqrt{2}}$ の数値が空欄になっています。

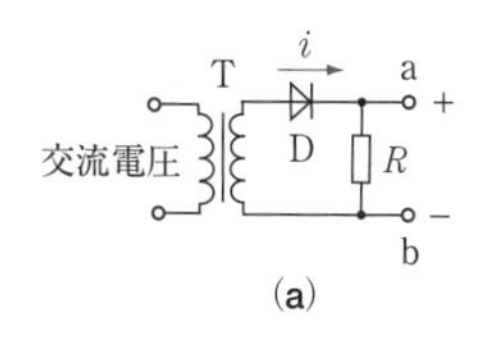

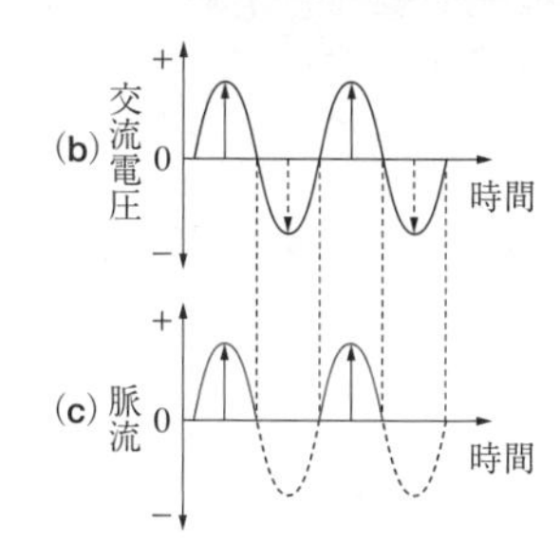

図 6-1　半波整流回路

[3] 半波整流回路

① **図 6-1 (a)** のダイオードDを用いた半波整流回路において、脈流（整流電流）i はダイオードの図記号の矢印方向に流れ、出力電圧の極性は a 点が＋（プラス）、b 点が－（マイナス）になります。

② **図 6-1 (a)** の整流回路は、ダイオードDを1個使用した回路で、**図 6-1 (b)** のような交流電圧を加えた場合、**(c)** のように正（＋）の半周期のときだけ脈流（整流電流）が流れるので、半波整流回路といいます。

[4] 全波整流回路

① **図 6-2 (a)** の整流回路の名称は、全波整流回路です。また、d 点に現れる出力電圧の極性は、正（＋）になります。

② **図 6-2 (a)** の（センタタップ形）全波整流回路において、**図 (b)** のような交流電圧を加えた場合、a 点がプラス（＋）、b 点がマイナス（－）の正（＋）の半周期のとき（a 点の電圧が中点 b の電圧より高いとき）、脈流（整流電流）は a → D_1

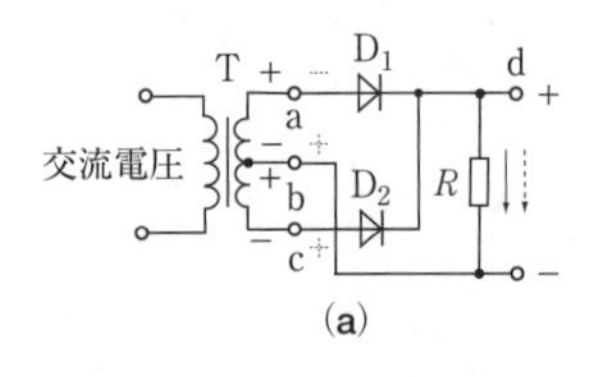

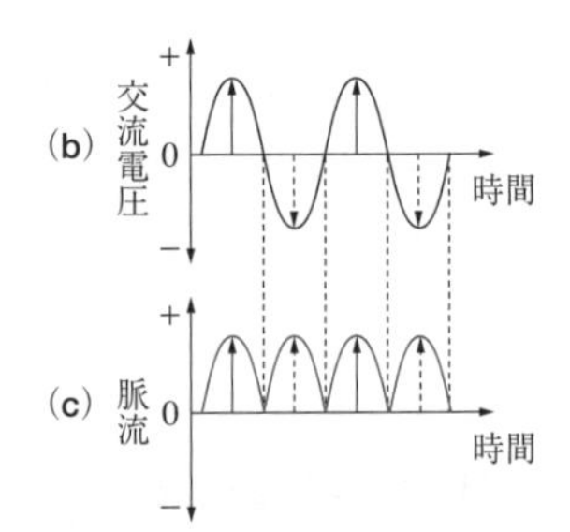

図 6-2　全波整流回路

→ R → b と流れます。次に、c 点がプラス（+）、b 点がマイナス（-）の負（−）の半周期になると、脈流（整流電流）は c → D_2 → R → b と流れます。ですから d 点はいつも正（+）の電圧が現れます。

③　**図 6-2**（**a**）の整流回路は、D_1、D_2 のダイオードを 2 個使用した回路です。負荷抵抗 R には、交流電圧の正（+）の半周期のときも、負（−）の半周期のときも、全周期にわたって脈流（整流電流）が流れるので、全波整流回路といいます。

[5] ブリッジ形全波整流回路

①　**図 6-3** の（ブリッジ形）全波整流回路において、ab 端子に**図 6-2**（**b**）のような交流電圧を加えた場合、端子 a がプラス（+）、端子 b がマイナス（−）の正（+）の半周期のとき、脈流（整流電流）は a → D_1 →負荷→ D_3 → b と流れます。逆に、端子 a がマイナス（−）、端子 b がプラス（+）の負（−）の半周期になると、脈流（整流電流）は b → D_2 →負荷

図 6-3
ブリッジ形全波整流回路

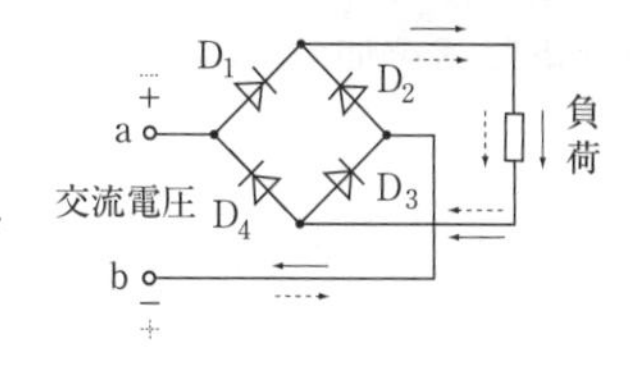

→ D_4 → a と流れます。このように、負荷には、交流電圧の正、負の半周期の全周期にわたって**図 6-2**(**c**)のような脈流(整流電流)が流れるので、この整流回路は全波整流回路です。

② **図 6-2**(**a**)および**図 6-3** の全波整流回路の出力電圧は、完全な直流ではなく交流分(リプル)を含んだ**図 6-2**(**c**)のような脈流の電圧が現れます。この脈流電圧の平均値 E_d は、交流電圧の最大値を E_m とすれば、次のように表されます。

$$E_d = \frac{2E_m}{\pi} \quad \cdots\cdots\cdots (6\text{-}1)$$

● この式を利用する次の問題を解いてみてください。

［**問 1**］**図 6-3** の整流回路において、ab 端子に最大値 E_m が 31.4〔V〕の交流電圧を加えた場合、負荷にかかる脈流電圧の平均値は幾らか。

［**解き方**］

求める脈流電圧の平均値 E_d〔V〕は、(6-1) 式から、

$$E_d = \frac{2E_m}{\pi} = \frac{2 \times 31.4}{3.14} = 20〔\text{V}〕$$

［**問 2**］**図 6-3** の整流回路において、ab 端子に実効値が 30〔V〕

の交流電圧 E を加えた場合、負荷にかかる脈流電圧の平均値は幾らか。

[解き方]

① 問1は、ab端子に最大値 E_m が31.4〔V〕の交流電圧を加えた場合ですが、この問題では、実効値 E が30〔V〕ですから、この値を最大値に変換しなければなりません。

② 実効値 E が30〔V〕の交流電圧の最大値 E_m は、

$$E_m = E \times \sqrt{2} = 30 \times \sqrt{2} = 30 \times 1.41 = 42.3〔V〕$$

③ したがって、求める負荷にかかる脈流電圧の平均値 E_d〔V〕は、(6-1)式から、

$$E_d = \frac{2 \times 42.3}{3.14} \fallingdotseq 27〔V〕$$

[6] 全波整流回路と比べたときの半波整流回路の特徴

① 変圧器が二次側の直流により磁化される。

半波整流回路(**図6-1**参照)は、交流電圧の正(+)の半周期だけを利用しているので、鉄心入り変成器(変圧器)Tの二次側コイルに脈流が一方向だけに流れるため、変圧器の鉄心は脈流の磁力線によって磁化されます。しかし、全波整流回路(**図6-2**参照)は、交流電圧の全周期を利用しているので、変圧器の二次コイルを交流電圧の半周期ごとに方向が反対の脈流が流れ、磁力線が打ち消されるため、変圧器の鉄心は磁化されません。

② 出力電圧(電流)の直流分が小さい。

半波整流回路は、交流電圧の正(+)の半周期を利用し

ていますが、全波整流回路は、交流電圧の正、負の全周期を利用しているので、出力電圧（電流）の直流分は、半波整流回路のほうが小さくなります。

③　脈流の中に含まれるリプルが大きい。

半波整流回路は、交流電圧の正（＋）の半周期を利用しているので、脈流（整流電流）の中に含まれるリプルは、全波整流回路より大きくなります。

④　リプル周波数は、全波整流回路の半分である。

(1)　整流回路の整流電流は、**図 6-1**（**c**）および**図 6-2**（**c**）のような脈流ですから、直流分の他にリプル（交流分）を含んでいます。このリプルの周波数をリプル周波数といいます。

(2)　半波整流回路は、**図 6-1**（**b**）のような交流電圧を加えると、出力には**図 6-1**（**c**）のような脈流電圧が現れます。したがって、入力である**図 6-1**（**b**）の交流電圧の1周期に対し、**図 6-1**（**c**）の脈流電圧も1周期ですから、リプル周波数は交流電圧の周波数と同じです。

全波整流回路は、**図 6-2**（**b**）のような交流電圧を加えると、**図 6-2**（**c**）のような脈流電圧が現れます。したがって、入力である**図 6-2**（**b**）の交流電圧の1周期に対し、**図 6-2**（**c**）の脈流電圧は$\frac{1}{2}$周期ですから、リプル周波数は交流電圧の周波数の2倍になります。

Keyword　半波整流のリプル周波数は全波の半分

[7] 平滑回路

① **図6-4**に示す整流回路において、コンデンサC_1、C_2およびチョークコイル(磁心入りコイル)CHは、直流と交流に対して、次のような働きをします。また、C_1、C_2およびCHを組み合わせた回路を平滑回路といいます。

(1) C_1、C_2の働き……交流を通す。

(2) CHの働き……直流を通す。

図6-4　整流回路

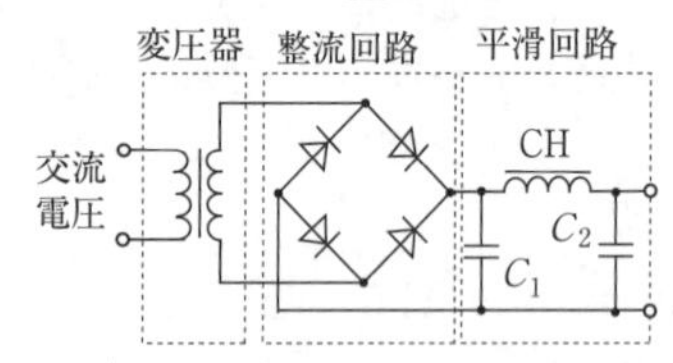

② 図の(全波)整流回路の整流電流は、完全な直流ではなく交流分(リプル)を含んだ**図6-2(c)**のような脈流です。このため、平滑回路のコンデンサC_1、C_2で直流電流を妨げ交流電流を通し、また、チョークコイルCHは交流電流を妨げ直流電流を通すので、脈流を直流にすることができます。

③ チョークコイルCHは、インダクタンスを大きくするための鉄心入りコイルです。

④ 送受信機の電源に商用電源を用いる場合は、**図6-4**のように変圧器の一次側の交流電圧を必要とする交流電圧に昇圧または降圧し、整流回路で交流を脈流に変換して、平滑

回路でほぼ完全な直流にしています。

[8] 電源の定電圧回路

① 整流電源の入力電圧や負荷電流が変動しても出力電圧を一定にするために、整流電源の出力と負荷との間に電圧安定化のために定電圧回路を挿入します。

② 電源の定電圧回路には、ツェナーダイオードが用いられています。

③ ツェナーダイオード(定電圧ダイオード)は、PN接合ダイオードに加える逆方向電圧を大きくしていくと、ある電圧で電流が急激に増加するが、ダイオードの端子電圧はほぼ一定になる性質を利用して直流電圧を安定化するために用いられます。

④ **図6-5**は、ツェナーダイオードD_Zを負荷R_Lと並列に接続した定電圧回路です。入力直流電圧E_1がD_Zのツェナー電圧より大きい限り、E_1が変動してもD_Zを流れる電流が変わるだけで、D_Zの端子電圧E_2はほとんど一定値(ツェナー電圧)に保たれます。なお、抵抗Rは、D_Zに定電圧特性をもたせるのに必要な逆方向電流を流すための安定抵抗です。

図6-5 定電圧回路

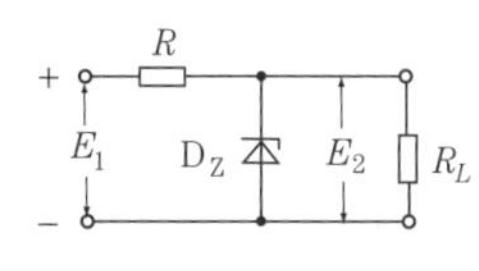

Keyword 定電圧回路はツェナー

[9] 蓄電池の容量

蓄電池がどれだけの電流を流せるかという能力を蓄電池の容量といい、放電する電流の大きさ〔A〕と放電できる時間〔h〕の積で、次のように表します。その単位には、アンペア時〔Ah〕が用いられます。

容量〔Ah〕＝放電電流〔A〕×放電時間〔h〕 ……… (6-2)

蓄電池の容量は、普通、10時間率の放電電流で表し、例えば、40〔Ah〕の蓄電池は、完全に充電された状態から4〔A〕の電流を流した場合に10時間用いることができます。

● この式を利用する次の問題を解いてみてください。

[問3] 容量20〔Ah〕の蓄電池を2〔A〕で連続使用すると、通常は何時間使用できるか。

[解き方]

(6-2)式から使用できる時間を求めます。

20〔Ah〕＝2〔A〕×時間　　　　時間＝10〔時間〕

＊容量30〔Ah〕、3〔A〕の場合、30〔Ah〕＝3〔A〕×時間

時間＝10〔時間〕

[10] 蓄電池の直列接続／並列接続

① **図6-6(a)**のように、それぞれ蓄電池の極性（＋、－）を交互に接続する方法を直列接続といいます。**図6-6(b)**のように、同じ極性同士を接続する方法を並列接続といいます。

② 同一容量、同一電圧の蓄電池を直列接続した場合、合成電圧は、各蓄電池の電圧を加え合わせたものになり、合成容量は増えません。同一容量、同一電圧の蓄電池を並列接

図 6-6　蓄電池の直列接続と並列接続

(a) 直列接続

(b) 並列接続

続した場合、合成電圧は一つの蓄電池電圧と同じですが、合成容量はそれぞれの蓄電池の容量を加え合わせたものになります(使える時間が長くなる)。

[**問4**] 端子電圧6〔V〕、容量60〔Ah〕の蓄電池を3個直列に接続したとき、合成電圧および合成容量は幾らになるか。

[**解き方**]

合成電圧は、(6 + 6 + 6 =) 18〔V〕、合成容量は60〔Ah〕です。

[11] ニッケルカドミウム蓄電池の特徴

① この電池1個の端子電圧は1.2〔V〕である。

② 比較的大きな電流が取り出せる。

③ 過放電に対して耐久性が優れている。

過放電とは、定められた放電終止電圧以下で使用することです。

④ 繰り返し充・放電することができる。

Keyword ニッケルカドミウム電池は充電できる

[12] ニッケル・水素蓄電池

ニッケル・水素電池は、正極に水酸化ニッケル、負極に水素吸蔵合金を使った2次電池で、電解液にはアルカリ性の水酸化カリウムなどが使われています。ニッケル水素電池の1個当たりの公称電圧は1.2〔V〕で、エネルギー密度は同一形状・容積のリチウムイオン蓄電池より小さいですが、内部抵抗が小さいので大電流放電・過充放電に強い、密閉構造であるため、堅牢であり、振動や衝撃に強く、保守が容易で湿度による影響も受けにくいといった特長があります。

[13] リチウムイオン蓄電池の特徴

① 正極(電位が高い電極)にコバルト酸リチウム、負極(電位が低い電極)にグラファイト(炭素)を使い、それぞれの極板を何層かに積み重ねた構造で、小型軽量である。

② 電池1個当たりの端子電圧は、ニッケルカドミウム蓄電池の1.2〔V〕より高い。

③ 電池を使わずにいても、自然に少しずつ放電する自己放電量が少ない。

④ ニッケルカドミウム蓄電池は、浅い充放電を繰り返すと蓄電池の容量が減少してしまうメモリー効果を生じるが、リチウムイオン蓄電池はメモリー効果がなく、したがって、使いたいとき使い、充電したいとき充電するという、継ぎ足し充電が可能である。

[14] 電源トランスの電圧と巻数

[**問4**] 二次側コイルの巻数が10回の電源変圧器において、一

次側にAC100〔V〕を加えたところ、二次側に5〔V〕の電圧が現れた。この電源変圧器の一次側の巻数は幾らか。

［解き方］

電源トランスの電圧と巻数は、次の比例関係になります。

一次側の電圧(V_1)：二次側の電圧(V_2)

＝一次側の巻数(n_1：二次側の巻数(n_2) ………①

①式に数値を代入すると、100〔V〕：5〔V〕= n_1：10〔回〕から

5〔V〕× n_1=100 × 10

$$n_1 = 100 \times \frac{10}{5} = 100 \times 2 = 200〔回〕$$

空中線・給電線

[1] 電波の波長と周波数の関係

① 電波の波長 λ〔m〕と周波数 f〔Hz〕との間には、次のような関係があります（λは、ギリシャ文字でラムダと読みます）。

$$\lambda = \frac{3 \times 10^8}{f} \text{〔m〕} \quad \cdots\cdots\cdots (7\text{-}1)$$

② 電波の波長は、電波の伝わる速さ（1秒間に 3×10^8〔m〕）を周波数 f で割った値です。

③ 周波数の単位記号はHz（ヘルツ）で、1〔Hz〕の 10^3 倍が1〔kHz〕、10^6 倍が1〔MHz〕です。例えば、14〔MHz〕は、14×10^6〔Hz〕になります。ですから、f をMHzの単位とす

れば、次の式を使って簡単に計算することができます。

$$\lambda = \frac{300}{f〔\mathrm{MHz}〕}〔\mathrm{m}〕 \quad \cdots\cdots\cdots \quad (7\text{-}2)$$

[2] 短縮コンデンサ

① 使用する電波の波長がアンテナの固有波長より短い場合は、アンテナに直列に短縮コンデンサを入れ、アンテナの電気的長さを短くしてアンテナを共振させます。

② アンテナを流れる高周波電流が最大になったとき、“アンテナが共振した”といいます。

③ アンテナの固有波長は、アンテナが共振する波長のうち最も長い波長をいいます。また、その波長の周波数を固有周波数といいます。

Keyword 電気的に短くするのは短縮コンデンサ

[3] 延長コイル

① アンテナに、延長コイルを必要とするのは、使用する電波の周波数がアンテナの固有周波数より低い場合です。

② 延長コイルは、アンテナに直列に挿入し、アンテナの電気的長さを長くしてアンテナを共振させます。

[**問1**] 長さが8〔m〕の垂直接地アンテナを用いて周波数が7,050〔kHz〕の電波を放射する場合、この周波数でアンテナを共振させるために、アンテナにコンデンサまたはコイルのいずれを接続したらよいか。

［解き方］

① 垂直接地アンテナは、**図7-1**のようにアンテナを大地に対して垂直に建て、その一端を接地し他端を開放にして、基部に高周波電源を接続し給電するアンテナです。

図7-1 垂直接地アンテナ

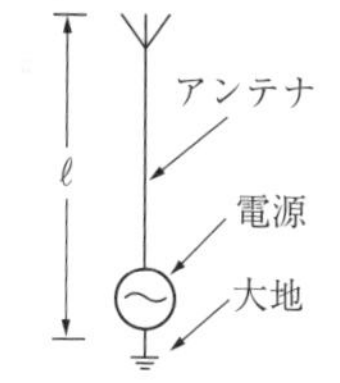

このアンテナは、長さℓが高周波電源の波長(λ)の $\frac{1}{4}$、すなわち $\frac{\lambda}{4}$ の他に、その奇数倍($\frac{3\lambda}{4}$、$\frac{5\lambda}{4}$…)のときにも共振します。この共振する波長のうち、最も長い波長を固有波長といい、その固有波長λは4ℓになります。

② 長さℓ〔m〕の垂直接地アンテナの固有波長λは、λ＝4ℓ〔m〕ですから、長さが8〔m〕の垂直接地アンテナの固有波長は4×8＝32〔m〕になります。

③ 使用する周波数7,050〔kHz〕の電波の波長λ〔m〕は、(7-1)式から

$$\lambda=\frac{3\times10^8}{f}=\frac{3\times10^8}{7050\times10^3}\fallingdotseq0.00043\times10^5=43\,[\mathrm{m}]$$

④ 長さが8〔m〕の垂直接地アンテナの固有波長32〔m〕は、使用する周波数7,050〔kHz〕の電波の波長43〔m〕より短いので、アンテナの長さを電気的に長くする必要があります。したがって、アンテナに(延長)コイルを直列に接続します。

[4] アンテナの指向性

アンテナの指向性は、アンテナから放射される電波が、ど

の方向にどの程度の強さになるか、またはどの方向からの電波がどの程度の強さで受信できるかを平面上に曲線で表したものです。大地面に平行な水平面の指向性を水平面指向性、大地と垂直な面の指向性を垂直面指向性といいます。

[5] 半波長ダイポールアンテナの特性

① 半波長ダイポールアンテナは、アンテナの長さを使用する電波の $\frac{1}{2}$ 波長とし、アンテナの中央に高周波電源を接続し給電するアンテナです。

② 半波長ダイポールアンテナが、固有波長で共振したときのアンテナ素子上の電圧分布は、**図7-2**(**a**)のように中央で零、両端で最大になります。

③ 中央部から給電したときのアンテナの放射抵抗は、約75〔Ω〕です。

④ アンテナを大地と垂直に設置する垂直半波長ダイポールアンテナの水平面内の指向性は、**図7-2**(**b**)のようにアンテナを中心とした円になり、すべての方向に均一に電波が放射される特性で全方向性(無指向性)といいます。

図7-2　半波長ダイポールアンテナの電圧分布、指向性

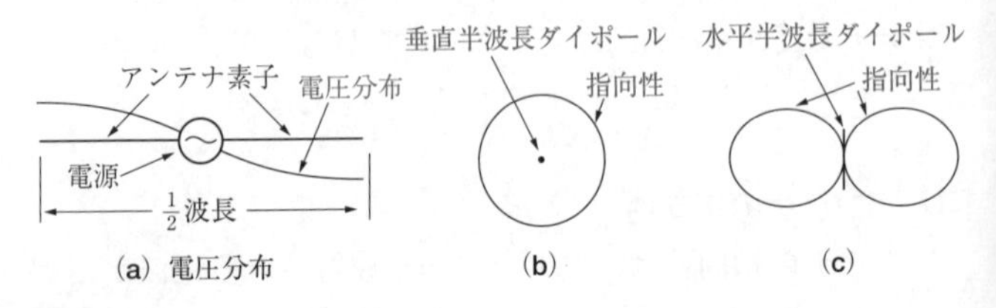

⑤　アンテナを大地と水平に設置した水平半波長ダイポールアンテナの水平面内の指向性は、**図7-2**(**c**)のようにアンテナを中心にして反対の2方向に放射される双方向性(双方性)になり、その形は8字形となります。

● 半波長ダイポールアンテナの長さを求める問題

[**問2**] 3.5〔MHz〕用の半波長ダイポールアンテナの長さは、ほぼ幾らか。

[**解き方**]

①　アンテナの長さは使用する周波数3.5〔MHz〕の波長の$\frac{1}{2}$ですから、まず周波数3.5〔MHz〕の波長λ〔m〕を求めます。(7-2)式から、

$$\lambda = \frac{300}{f〔\text{MHz}〕} = \frac{300}{3.5} \fallingdotseq 86〔\text{m}〕$$

②　3.5〔MHz〕用の半波長ダイポールアンテナの長さℓは、波長λの半分ですから、

$$\ell = \frac{\lambda}{2} = \frac{86}{2} = 43〔\text{m}〕$$

[6] 放射抵抗、放射電力

①　アンテナにI_a〔A〕の高周波電流が流れ、アンテナからP_r〔W〕の電力の電波が放射された場合(この電力を放射電力という)、このアンテナには、$R_r \times I_a^2$の電力P_r〔W〕が消費されたものと考えられます。このように、アンテナから電波を放射するのに必要と考えられる仮想的な抵抗R_rを放射抵抗といい、次のように表されます。

$$放射抵抗\,(R_r) = \frac{放射電力\,(P_r)}{アンテナ電流\,(I_a)^2} \quad \cdots\cdots\cdots \quad (7\text{-}3)$$

② 半波長ダイポールアンテナの放射抵抗（半波長ダイポールアンテナが共振したときの給電点インピーダンス）は、約75〔Ω〕です。

● (7-3)式を利用する次の問題を解いてみてください。

［**問3**］ 半波長ダイポールアンテナの放射電力を12〔W〕にするためのアンテナ電流は、ほぼ幾らか。ただし、熱損失となるアンテナ導体の抵抗分は無視するものとする。

［**解き方**］

半波長ダイポールアンテナの放射抵抗は75〔Ω〕ですから、アンテナ電流 I_a〔A〕は(7-3)式から、

$$I_a = \sqrt{\frac{P_r}{R_r}} = \sqrt{\frac{12}{75}} = \sqrt{0.16} = 0.4$$

[7] ブラウンアンテナ

① ブラウンアンテナ（グランドプレーンアンテナ）は、**図7-3**のように、同軸給電線の内部導体を使用する電波の$\frac{1}{4}$波長だけ垂直に延ばしてアンテナとし、大地の代わりにな

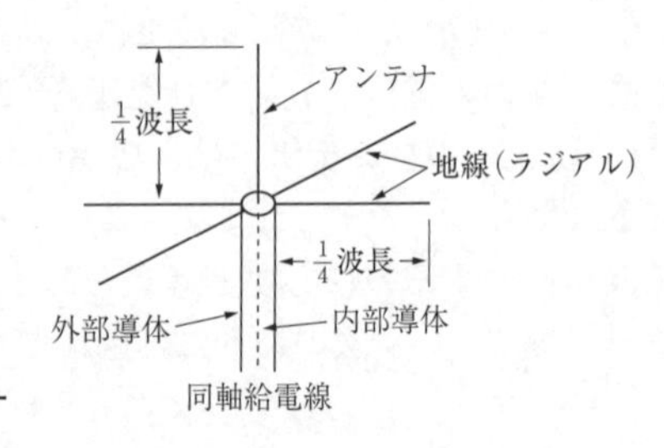

図 7-3
ブラウンアンテナ

る長さが使用する電波の$\frac{1}{4}$波長の数本の地線(ラジアル)を、同軸給電線の外部導体に放射状に付けたアンテナです。

② グラウンドプレーンアンテナの水平面内の指向性は、全方向性(無指向性)で、アンテナを中心とした円になります。

[8] 八木アンテナ(八木・宇田アンテナ)

① 3素子八木アンテナは、**図 7-4**(**a**)のように、導波器、放射器および反射器で構成され、給電線を放射器につないで給電します。

② 八木アンテナは、非接地アンテナの一種です。

アンテナの一端を接地するアンテナを接地アンテナ、両端とも接地しないアンテナを非接地アンテナといいます。

③ 大地に水平に設置した八木アンテナの水平面内の指向性は、**図 7-4**(**b**)のように特定の方向に電波を放射しまたは特定の方向からの電波だけを受信できる特性で単方向性

図 7-4 八木アンテナ(八木・宇田アンテナ)の構成とその指向性

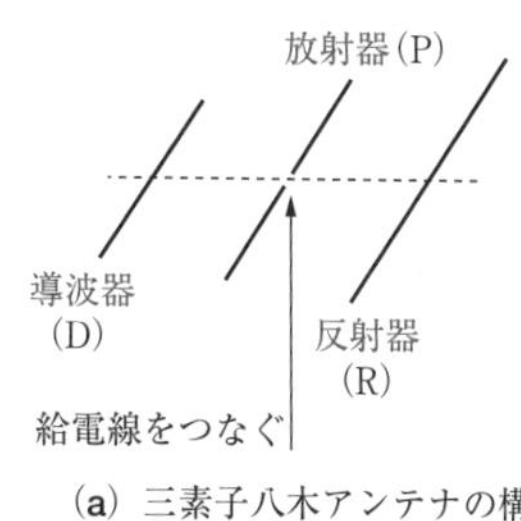

(**a**) 三素子八木アンテナの構成

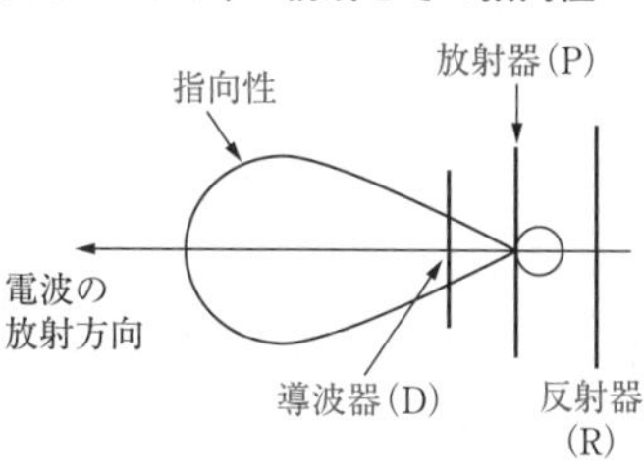

(**b**) 三素子八木アンテナの水平面内の指向性

(単向性) といい、指向性アンテナといいます。

④ 導波器の素子数の多い八木アンテナは、指向性が鋭くなります。

図 7-4 (a) の八木アンテナは、導波器が 1 本で三素子八木アンテナといい、指向性を鋭くするために導波器を 2 本にした八木アンテナは四素子八木アンテナといいます。

[9] 給電線

① 給電線は、送信機で発生した高周波エネルギー (電力) をアンテナへ、またアンテナで捕えた電磁波 (電波) を受信機に無駄なく伝送するための伝送線です。

② 給電線は、構造上から分類すると同軸給電線と平行二線式給電線があります。同軸給電線は、同心円状に配置された内部導体と外部導体からなり、両導体間に絶縁物 (誘電体) が詰められている給電線で、内部導体と外部導体を往復二線として使います。平行二線式給電線は、空中に置かれた太さの等しい 2 本の導線を平行にした線路の給電線です。

③ 同軸給電線の特性インピーダンスは、内部導体の外径、外部導体の内径および両導体間の絶縁物 (誘電体) の種類で決まり、平行二線式給電線の特性インピーダンスは導線の直径と導線間の間隔で決まり、特性インピーダンスは均一です。

④ 給電線に必要な電気的条件

(1) 導体の抵抗損が少ないこと

給電線の導線の抵抗分で消費される電力損失です。

(2) 絶縁耐力が十分であること

給電線の絶縁物がどの程度の電圧に耐えられるかということで、同軸給電線の絶縁物の絶縁耐力は、給電線に加えられる高周波電圧に十分耐える必要があります。

(3) 誘電損が少ないこと

誘電損は、誘電体に高周波電圧を加えたとき、誘電体の内部で失われる電力損失をいいます。また、絶縁物は、電流や電荷の通過を妨げる物質ですが、電界中に置かれたときには静電力を伝える媒質となるので、このようなときの絶縁物を誘電体といいます。

同軸給電線の絶縁物(誘電体)に高周波電圧を加えたとき、誘電損による熱を発生します。この発熱のために給電線が燃焼、変形あるいは絶縁低下などの障害が起こることがあります。

(4) 給電線から電波が放射されないこと

同軸給電線は、外部導体を接地して使用するので、外部導体がシールドの役目をして、給電線から電波が放射されることはありません。

(5) 給電線で電波を受けたり、また、外部から電気的影響を受けることがないこと。

[10] アンテナの給電方法

アンテナに高周波電力を給電する場合、給電点において、電流分布を最小(電圧分布が最大)にする給電方法を電圧給電といいます。電流分布を最大(電圧分布が最小)にする給電方法を電流給電といいます。

電波伝搬

[1] 電離層の種類と地上高

① 太陽から放射される紫外線やX線によって、地球の上層大気中の酸素分子、窒素分子などが自由電子とイオンに電離されて生成された電離層があり、電波を減衰(吸収、散乱)、屈折または反射する性質があります。

② 電離層は**図8-1**のように、地上から約60～90〔km〕付近に昼間現れるD層、約100〔km〕の付近のE層、300〔km〕付近(200～400〔km〕)のF層があります。

③ F層は、**図8-1**のように上下二つの層に分かれることがあり、下側の層をF_1層、上側の層をF_2層といいます。

④ E層と同じ高さにE層より電子密度の高いスポラジックE層(Es)と呼ばれる電離層が突発的に現れることがあります。

⑤ 電離層の$1m^3$当りの自由電子の数を電子密度といい、F層が最大で、下の層のものほど小さくなります。また、各電離層の電子密度は昼間は高く、夜間になると低くなります。

図8-1 電離層の種類と地上高

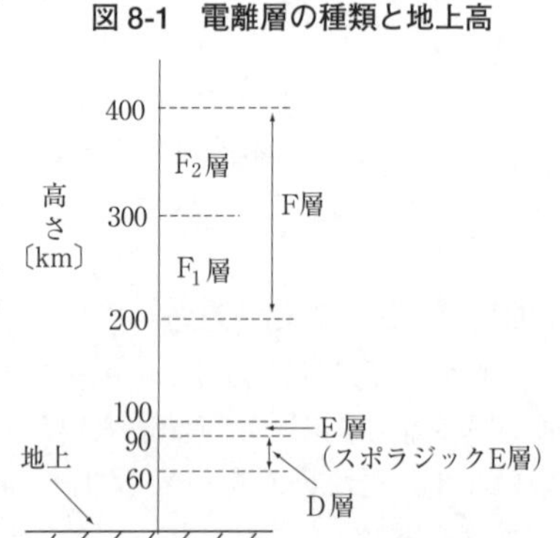

⑥　電離層は、地上からの電波をさまざまの条件のもとに反射させて、地上に戻す性質があります。この電離層で反射されて地上に戻ってくる電波を電離層反射波または電離層波といいます。

[2] 電離層における減衰

①　電波がD層およびE層を突き抜けるときの(第一種)減衰は、周波数が低いほど大きい。
②　電波がE層およびF層で反射するときの(第二種)減衰は、周波数が低いほど小さい。
③　試験問題では、①と②の大きい、小さいの文字が空欄になっています。

[3] 地表波

①　地表波は、送信アンテナから大地の表面に沿って伝わる電波です。
②　地表波は、送信アンテナから遠ざかるにしたがって急激に減衰します。

Keyword　地表波は大地の表面

[4] 電離層の臨界周波数

①　電波を地上から上空に向かって垂直に発射したとき、ある周波数以下の電波は電離層で反射して地上に戻ってきます。このように戻ってくる電波の最高周波数を臨界周波数といいます。

② 短波(HF)帯の電波を地上から上空に向かって垂直に発射したとき、臨界周波数より高い周波数の電波はF層を突き抜けてしまいますが、臨界周波数より低い周波数の電波はF層で反射して地上に戻ります。試験問題では、臨界周波数、高い、低いの文字が空欄になっています。

[5] 最高使用可能周波数、最低使用可能周波数

① 最高使用可能周波数(MUF)とは、[短波(HF)帯の電波を電離層に対し斜めに入射させる]2地点間の電離層反射による通信に使用可能な一番高い周波数で、この最高使用可能周波数は、送受信点間の距離によって決まります。

② 最適使用周波数(FOT)とは、2地点間において電離層反射による通信をするのに最適と思われる周波数をいいます。この周波数は、最高使用可能周波数(MUF)の85パーセントの値の周波数です。

③ 2地点間の短波通信において、使用周波数を次第に低くすると、D層およびE層における(第一種)減衰が大きくなっていき、ついに通信ができなくなります。この限界の周波数を最低使用可能周波数(LUF)といいます。

④ 最低使用可能周波数(LUF)以下の電波は、電離層の第一種減衰が大きいため、電離層伝搬による通信には使用できません。

短波帯の電波がD層およびE層を通過するとき、電波はエネルギーの一部を失うために減衰します。この減衰を第一種減衰といい、減衰の大きさは周波数が低いほど大きく

なります。

⑤ 最高使用可能周波数（MUF）は、臨界周波数より高い。

[6] 短波（HF）帯の電波伝搬

① 3.5〔MHz〕から28〔MHz〕までのアマチュアバンド（短波帯）の電波の伝わり方は、中波帯の電波よりも地表波の減衰が大きくなるので、極めて近距離の通信を除いて、電離層（反射）波が利用されます。短波（HF）帯の電波は、一般にD層およびE層を突き抜け、E層よりも電子密度の大きいF層で反射して地表に戻り、さらに地表とF層の間で反射を繰り返しながら遠方まで伝搬します。

② 短波（HF）帯の電波は、電離層（F層）で反射されて電離層反射波が初めて地表に達する地点と送信所の距離を跳躍距離といいます。また、跳躍距離内で地表波が減衰して受信できなくなった地点から電離層反射が最初に地表に達する地点までは、電離層反射もないので、電波を受信できない地帯ができます。これを不感地帯といいます。試験問題では、電離層、跳躍距離、地表波、電離層反射波の文字が空欄になっています。

③ 昼間は、D層とE層の電子密度が大きいので、低い周波数の電波はD層とE層で吸収されてしまうため、高い周波数の電波を用います。夜間は、E層とF層の電子密度が小さくなるので、高い周波数の電波ではE層とF層を突き抜けてしまうため、低い周波数の電波を用います。

④ 例えば、昼間に21〔MHz〕帯の電波で通信を行っていて

も、夜間になると電離層の関係で通信ができなくなる場合があります。このような場合には、昼間に使用していた周波数より低い7〔MHz〕帯の電波に切り替えると再び通信が可能になります。

Keyword **不感地帯は地表波も電離層反射波もない所**

Keyword **短波帯は電離層波を利用**

Keyword **夜間は低い周波数で交信**

[7] MUF/LUF曲線

① 短波(HF)帯の電離層伝搬による2地点間のMUFとLUFの日変化を示した**図8-2**のような曲線をMUF/LUF曲線といいます。この曲線から1日のどの時刻に何〔MHz〕の周波数の電波が使用可能であるかを知ることができます。

MUF曲線より上の周波数の電波は、電離層を突き抜けるので実用にならず、LUF曲線より下の周波数の電波は電離層での減衰が大きく、通信に必要な最低限の電界強度が得

図8-2 MUF/LUF曲線

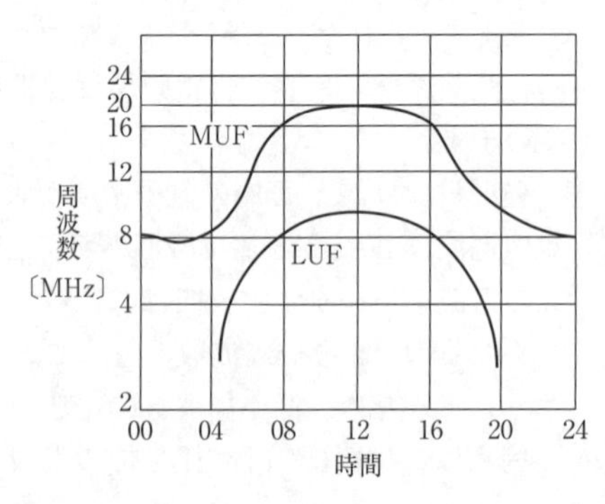

られないので実用になりません。したがって、MUF 曲線とLUF 曲線とで挟まれた範囲の周波数の電波が実用になりますが、その中でもMUFの約85〔%〕の値のFOT(最適使用周波数)が通信に最も適当な周波数になります。

② 図のMUF/LUF 曲線において、12時におけるFOTの値は、MUFが20〔MHz〕ですから、その85〔%〕の値、すなわち20 × 0.85 = 17〔MHz〕がFOTになります。

③ FOT は、なぜ MUF の 85〔%〕の周波数か？

短波(HF)帯の通信は、主としてF層で反射する電波を利用しますが、最高使用可能周波数(MUF)に非常に近い周波数の電波を使用するとF層による第二種減衰が大きく、また、F層のMUFは日によって相当の差異があるため、MUFが低下すると電波が突き抜けてしまって通信不能になります。一方、MUFよりはるかに低い周波数の電波を使用するとD層やE層による第一種減衰が大きく、受信電界強度が低下します。

第一種減衰は電波の周波数が高いほど少なく、第二種減衰はMUFの90〔%〕以下になると非常に小さくなるので、減衰が少なく、突き抜ける心配のない最適使用周波数(FOT)として、MUFの85〔%〕付近の周波数が選ばれます。

[8] フェージング

① フェージングは、電波を受信しているとき、受信音が大きくなったり、小さくなったり、ときによってひずんだりする現象をいいます。

図 8-3　第一種減衰、第二種減衰

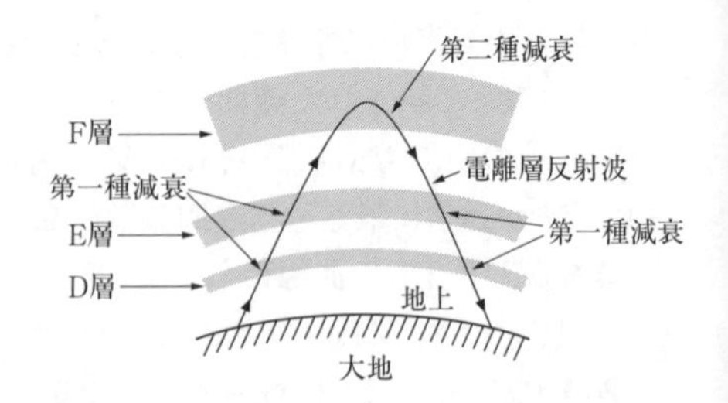

② **図 8-3** のように短波 (HF) 帯の電波が D 層および E 層を通過するときに受ける減衰を第一種減衰、F 層で反射するとき受ける減衰を第二種減衰といいます。また、各電離層の $1m^3$ 当りの自由電子の数、すなわち電子密度は、時間とともに変動するので、電波が受ける第一種、第二種減衰も時間とともに変化します。

③ 電離層における電波の第一種減衰が、時間とともに変化するために生じるフェージングを、吸収性フェージングといいます。試験問題は、吸収性フェージングの文字が空欄になっています。

④ 電波は、電界と磁界とが互いに 90 度の角度を保ちながら伝搬し、電波の進行方向と電界の方向との作る平面を偏波面といいます。電界が大地に対して垂直な電波を垂直偏波、平行になっている電波を水平偏波といいます。

垂直偏波は大地に対して垂直に張った導線の垂直アンテナから、水平偏波は大地に対して水平に張った水平アンテナから放射されます。したがって、垂直偏波の電波は垂直アンテナ、水平偏波の電波は水平アンテナでなければうまく受信できません。

垂直偏波および水平偏波の電波がF層で反射する場合、F層は地球磁界の影響を受けているので、偏波面が絶えず変化するだ円偏波になります。

⑤ 短波(HF)帯の電離層反射波は、だ円偏波となって地上に到達します。受信アンテナは、普通、水平または垂直導体で構成されているので、だ円偏波のだ円軸が受信アンテナの素子の方向と一致する場合には誘起電圧は高く、直角の場合は低くなります。

⑥ 電離層反射波は、地球磁界の影響を受けて、だ円偏波になって地上に到達します。このだ円軸が時間的に変化するために生じるフェージングを偏波性フェージングといいます。試験問題では、偏波性フェージングの文字が空欄になっています。

[9] スポラジックE層

① 高さは、E層とほぼ同じである。
② 電子密度は、E層より大きい。
③ わが国では夏季の昼間に多く発生する。
④ 超短波帯の電波を反射する。

Keyword スポラジックEの電子密度は、E層より大きい

測　定

[1] 熱電対形電流計

① **図 9-1** は、熱電対形電流計の原理図です。直流および交流の実効値を測定でき、熱線の部分のインピーダンスが極めて小さいので高周波電流の測定にも適しています。試験問題は、実効値、小さいの文字が空欄になっています。

図 9-1
熱電対形電流計の原理図

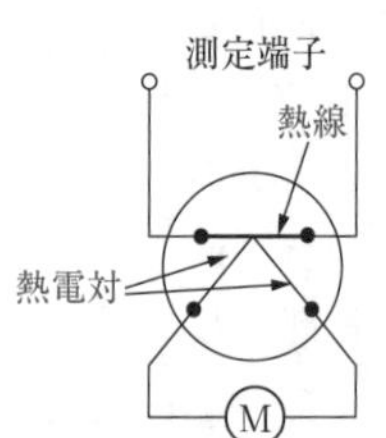

永久磁石可動コイル形計器

② 抵抗をもつ熱線に電流が流れると、(ジュールの法則により) 熱が発生します。この熱によって熱電対の温接点を加熱すると、熱起電力が生じ、それに比例した電流が永久磁石可動コイル形計器に流れ、メータを振らせます。この指針は熱起電力に比例します。試験問題は、熱線、熱電対および永久磁石可動コイルの文字が空欄になっています。

③ 熱電対は、ゼーベック効果(2 種の金属を接合して閉回路を作り、二つの接合部に温度差を与えると、起電力が発生して電流が流れる現象) を利用したものです。

[2] 分流器

① 分流器は、電流計の測定範囲を広げるために用いられる抵抗で、電流計に並列に接続して用います。

② 内部抵抗r〔Ω〕の電流計の測定範囲をN倍に拡大するために必要な分流器の抵抗値R〔Ω〕は、次式となります。

$$R=\frac{r}{N-1} \quad \cdots\cdots\cdots \quad (9\text{-}1)$$

Keyword **分流器は電流計に並列に**

● (9-1)式を利用する次の問題を解いてみてください。

[問1] 最大目盛値5〔mA〕、内部抵抗1.8〔Ω〕の直流電流計がある。これを最大目盛値が50〔mA〕にするには、何オームの分流器を用いればよいか。

[解き方]

測定範囲を5〔mA〕から50〔mA〕にするのですから、測定範囲を10倍に拡大することになります。このための分流器の抵抗値R〔Ω〕は、題意の数値を(9-1)式に代入すれば、

$$R=\frac{r}{N-1}=\frac{1.8}{10-1}=\frac{1.8}{9}=0.2〔\Omega〕$$

[問2] 電流計において、分流器の抵抗Rをメータの内部抵抗rの4分の1の値に選ぶと、測定範囲は何倍になるか。

[解き方]

測定範囲Nは、題意から分流器の抵抗Rを$\frac{r}{4}$にすれば(9-1)式から、

$$\frac{r}{4}=\frac{r}{N-1} \quad rN-r=4r \quad rN=4r+r=5r \quad N=5〔倍〕$$

[3] 倍率器

① 倍率器は、電圧計の測定範囲を広げるために用いられる直列抵抗器で、電圧計に直列に接続して用います。

② 内部抵抗r〔Ω〕の電圧計の測定範囲をN倍に拡大するために必要な直列抵抗器（倍率器）の抵抗値R〔Ω〕は、

$$R = r(N - 1) \quad \cdots\cdots\cdots \quad (9\text{-}2)$$

Keyword **倍率器は電圧計に直列に**

● (9-2)式を利用する次の問題を解いてみてください。

［**問3**］内部抵抗50〔kΩ〕の直流電圧計の測定範囲を20倍にするためには、直列抵抗器（倍率器）の抵抗値は幾らか。

［**解き方**］

直列抵抗器（倍率器）の抵抗値R〔kΩ〕は、(9-2)式に題意の数値を代入すれば、

$$R = r(N - 1) = 50(20 - 1) = 950〔\text{k}\Omega〕$$

［**問4**］電圧計において、直列抵抗器（倍率器）の抵抗Rを電圧計の内部抵抗rの2倍の値に選べば、測定範囲Nは何倍か。

［**解き方**］

測定範囲Nは、題意から直列抵抗器（倍率器）の抵抗Rを$2r$にすれば(9-2)式から、

$$2r = r(N - 1) \qquad N - 1 = 2 \qquad N = 3〔倍〕$$

[4] ディップメータ

① ディップメータは、**図9-2**のように、LC発振器（較正された自励発振器）と直流電流計（永久磁石可動コイル形計器）を組み合わせた計器で、同調回路の共振周波数を測定するとき

図9-2 ディップメータの原理図

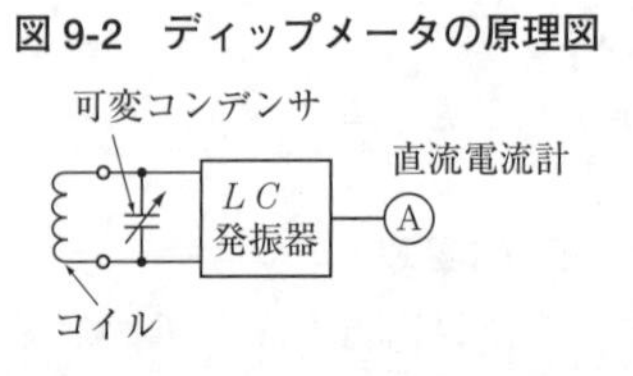

に使用します。

② 同調回路の共振周波数の測定要領

測定しようとする同調回路にディップメータの(発振)コイルを疎に結合(コイルを同調回路にあまり近づけない)します。次に、可変コンデンサを調整して、LC 発振器の発振周波数を変化させ同調回路の共振周波数と等しくなったときに、ディップメータの出力が吸収されて低下し、直流電流計の指示が下がり(ディップ)ます。このときの可変コンデンサのダイヤル目盛りから、その同調回路の共振周波数が直読できます。

Keyword 疎は OK、密は NG / ディップだから最小

[5] 定在波比測定器(SWRメータ)

① 特性インピーダンス Z_o の給電線の終端に給電点インピーダンス Z_i のアンテナを接続したとき、$Z_o = Z_i$ であれば、給電線に加えた高周波電力はその途中の減衰を除いてすべてアンテナに供給されます。この場合、給電線上の電圧と電流の振幅はどの場所でもほぼ等しく、アンテナに向かって移動します。このような波動を進行波といいます。

② $Z_o \neq Z_i$ のときは、給電線に加えた電圧または電流の進行波の一部または全部が終端で反射され、給電線上には進行波と反射波が合成され、電圧または電流の波が正弦波状に分布する定在波が生じます。この定在波の最大電圧 E_{max} と最小電圧 E_{min} の比$\left(\frac{E_{max}}{E_{min}}\right)$を電圧定在波比(VSWR)またはSWRといいます。この電圧定在波比を測定する計器を

定在波比測定器（SWR メータ）といいます。

③ SWR は、アンテナと給電線との整合状態を表し、完全に整合がとれている場合にはSWR の値は1になり、この値が大きくなることは反射波が多くなることを示します。

④ 定在波比測定器（SWR メータ）は、アンテナと給電線との整合状態を調べるときに使用します。この場合、SWR メータは、アンテナの給電点に近い部分に挿入します。

⑤ アンテナの給電点と SWR メータの距離が長いと、給電点で反射された電力がSWR メータに到達するまでに減衰し小さくなり、SWR 値が実際の値より小さくなります。

Keyword **SWR はアンテナの整合状態だからアンテナの近くに**

[6] 通過形電力計

① 通過形電力計は、アンテナ系の同軸給電線に挿入し、容量結合と誘導結合を利用して、進行波電力と反射電力を測定する計器です。

② アンテナへ供給する電力を通過形電力計で測定したら、進行波電力が P_f〔W〕、反射電力が P_r〔W〕であれば、アンテナに供給される電力 P〔W〕は、次のように表されます。

$$P = P_f - P_r \quad \cdots\cdots\cdots \ (9\text{-}3)$$

● (9-3) 式を利用する次の問題を解いてみてください。

［問5］ アンテナへ供給する電力を測定する通過形電力計で測定したら、進行波電力25〔W〕、反射波電力5〔W〕であった。アンテナへ供給される電力は幾らか。

[解き方]

アンテナへ供給される電力 P〔W〕は、題意の数値を (9-3) 式に代入すれば、

$$P = 25 - 5 = 20〔\text{W}〕$$

[7] 周波数カウンタ

① 周波数カウンタの測定原理は、基準周波数により一定の時間を区切り、その時間中に含まれる被測定周波数のサイクル数を数えて周波数を求める周波数計です。

② 水晶発振器(基準時間発生器)の周波数を基準として、1秒間に繰り返す被測定周波数のサイクル数をパルスで数えた計数値により周波数がデジタル表示され直読できます。

Keyword カウンタだから数える

[8] デジタル電圧計

デジタル電圧計は測定した電圧の値を直接数字で表示するように作られた測定器で、その構成は**図 9-3** のようになっています。試験問題では、A-D 変換器、計数回路の欄が空欄になっています。

測定端子に加えられた直流電圧のレベルを A-D 変換器(アナログ信号をデジタル信号に変換する装置)でパルスの周波数に変換し、計数回路で一定時間内のパルス数を測定し

図9-3 デジタル電圧計の基本的な構造

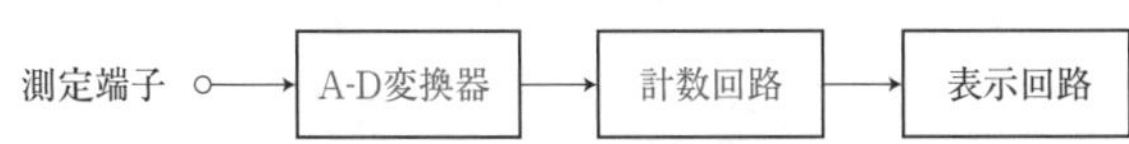

ます。表示回路ではこれを 10 進数にして表示します。

[9] のこぎり波の繰り返し周波数

① **図 9-4** は、オシロスコープで観測したのこぎり波形です。この波形の繰り返し周波数 f〔Hz〕は、繰り返し周期を T〔s(秒)〕とすれば、次のように表されます。

$$f=\frac{1}{T} \qquad \cdots\cdots\cdots \ (9\text{-}4)$$

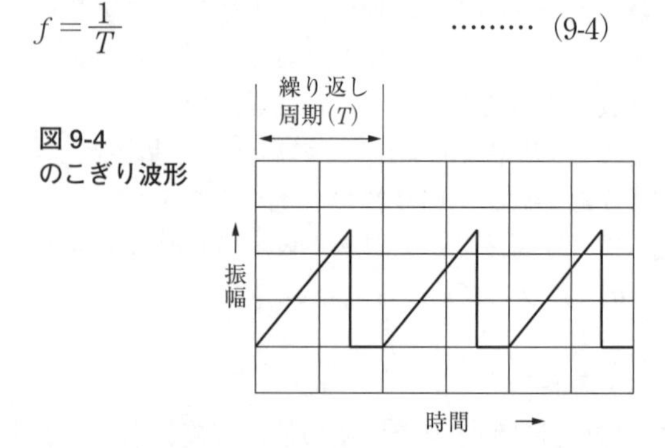

図 9-4
のこぎり波形

② 観測波形の繰り返し周期 T〔s〕は、横軸(掃引時間)の 1 目盛り当たり 0.5〔ms〕とすれば、

T = 掃引時間〔s〕× 繰り返し周期の目盛り

$= 0.5 \times 10^{-3}$〔s〕× 2〔目盛り〕$= 1 \times 10^{-3}$〔s〕

です。

③ 観測波形の繰り返し周波数 f は、

$$f=\frac{1}{T}=\frac{1}{1\times10^{-3}}=1.0\times10^{3}\text{〔Hz〕}=1.0\text{〔kHz〕}$$

第4章

法規の参考書

この「法規の参考書」では、下記の出題分野ごとに問題の答になる電波法令の規定をまとめてあります。そして、規定が電波法令の第何条のものかがわかるように、後の（　）に、例えば（法78条）のように電波法令の名称と条文の番号を記載してあります。法令の名称は、次のように略記しています。
電波法…法、電波法施行令…施行令、電波法施行規則…施行、無線局免許手続規則…免則、無線設備規則…設備、無線従事者規則…従事者、無線局運用規則…運用

法の目的・用語の定義
無線局の免許等
無線従事者
運用
監督
業務書類
憲章・条約・無線通信規則
モールス符号

電波法の目的・用語の定義

[1] 電波法の目的

この法律は、電波の公平かつ能率的な利用を確保することによって、公共の福祉を増進することを目的とする。(法1条)

[2] 「無線局」の定義

「無線局」とは、無線設備及び無線設備の操作を行う者の総体をいう。ただし、受信のみを目的とするものを含まない。(法2条5号)

[3] 「アマチュア業務」の定義

「アマチュア業務」とは、金銭上の利益のためでなく、もっぱら個人的な無線技術の興味によって行う自己訓練、通信及び技術的研究の業務をいう。(施行3条1項15号)

[4] 「送信設備」の定義

「送信設備」とは、送信装置と送信空中線系とから成る電波を送る設備をいう。(施行2条1項35号)

[5] 「送信装置」の定義

「送信装置」とは、無線通信の送信のための高周波エネルギーを発生する装置及びこれに付加する装置をいう。(施行2条1項36号)

[6]「送信空中線系」の定義

「送信空中線系」とは、送信装置の発生する高周波エネルギーを空間へ輻(ふく)射する装置をいう。(施行2条1項37号)

無線局の免許等

[1] 無線局の免許状の記載事項

無線局の免許状には、次の事項を記載しなければならない。(法14条2項)

(1) 免許の年月日及び免許の番号
(2) 免許人の氏名又は名称及び住所
(3) 無線局の種別
(4) 無線局の目的
(5) 通信の相手方及び通信事項
(6) 無線設備の設置場所
(7) 免許の有効期間
(8) 識別信号(呼出符号、呼出名称等をいう。)
(9) 電波の型式及び周波数
(10) 空中線電力
(11) 運用許容時間

[2] アマチュア局の免許の有効期間

アマチュア局の免許の有効期間は、免許の日から起算して5年とする。(法13条、施行7条)

[3] 変更等の許可

免許人は、次の変更(抜すい)をしようとするときは、あらかじめ総務大臣の許可を受けなければならない。(法17条)

① 無線設備の設置場所の変更

② 無線設備の変更の工事(総務省令で定める軽微な事項を除く。)

Keyword 設置場所の変更/変更の工事はあらかじめ許可

[4] 指定事項(周波数等)の指定の変更

免許人は、周波数の指定の変更を受けようとするときは、総務大臣にその旨を申請する。(法19条)

Keyword 指定の変更は申請

[5] アマチュア局の再免許の申請の期間

アマチュア局(人工衛星等のアマチュア局を除く。)の再免許の申請は、免許の有効期間満了前*1箇月以上6箇月を超えない期間において行わなければならない。(免則18条1項)

*無線局免許手続規則第18条第1項の改正により令和5年9月25日以降、再免許の申請期間は「1箇月以上1年」から「1箇月以上6箇月を超えない期間」となっています。

[6] 再免許が与えられるときの指定事項

無線局の再免許が与えられるときは、次の事項が指定される。(免則19条)

(1) 電波の型式及び周波数

(2) 識別信号(呼出符号、呼出名称等をいう。)
(3) 空中線電力
(4) 運用許容時間

[7] 電波の発射の防止

① 無線局の免許等がその効力を失ったときは、免許人等であった者は、遅滞なく空中線を撤去その他の総務省令で定める電波の発射を防止するために必要な措置を講じなければならない。(法78条)
② 免許人が無線局を廃止したときは、免許は、その効力を失う。(法23条)

Keyword 免許が切れたら遅滞なく送信アンテナは撤去

無線設備

[1] 電波の質

送信設備に使用する周波数の偏差及び幅、高調波の強度等電波の質は、総務省令で定めるところに適合するものでなければならない。(法28条)

[2] 電波の型式の表示

① 電波の型式は、主搬送波の変調の型式、主搬送波を変調する信号の性質及び伝送情報の型式を②の記号をもって、かつ、その順序に従って表記する。(施行4条の2第2項)

表 2-1　電波の型式の表示（抜粋）

1. 主搬送波の変調の型式	記号
(1) 振幅変調	
（一）両側波帯	A
（二）抑圧搬送波による単側波帯	J
(2) 角度変調	
（一）周波数変調	F

2. 主搬送波を変調する信号の性質	記号
(1) デジタル信号である単一チャネルのもの	
（一）変調のための副搬送波を使用しないもの	1
（二）変調のための副搬送波を使用するもの	2
(2) アナログ信号である単一チャネルのもの	3

3. 伝送情報の型式	記号
(1) 電信	
（一）聴覚受信を目的とするもの	A
（二）自動受信を目的とするもの	B
(2) 電話（音響の放送を含む。）	E

② 主搬送波の変調の型式、主搬送波を変調する信号の性質及び伝送の情報の型式は、**表 2-1**（抜粋）のように分類し、それぞれ同表の記号で表示する。（施行 4 条の 2 第 1 項）

③「A1A」は、電波の主搬送波の変調の型式が振幅変調であって両側波帯、主搬送波を変調する信号の性質がデジタル信号である単一チャネルのものであって変調のための副搬送波をしないものであり、かつ、伝送情報の型式が電信であって聴覚受信を目的とするものの電波の型式を表示します。

したがって、デジタル信号の単一チャネルのものであって変調のための副搬送波を使用しない振幅変調の両側波帯の聴覚受信を目的とする電波の型式は、「A1A」の記号で表示します。

④ 「J3E」は、電波の主搬送波の変調の型式が振幅変調であって抑圧搬送波による単側波帯、主搬送波を変調する信号の性質がアナログ信号である単一チャネルのものであり、かつ、伝送情報の型式が電話（音響の放送を含む。）の電波の型式を表示します。

したがって、単一チャネルのアナログ信号で振幅変調した抑圧搬送波による単側波帯の電話（音響の放送を含む。）の電波の型式は、「J3E」の記号で表示します。

⑤ 「F2A」は、電波の主搬送波の変調の型式が角度変調であって周波数変調、主搬送波を変調する信号の性質がデジタル信号である単一チャネルのものであって変調のための副搬送波を使用するものであり、かつ、伝送情報の型式が電信であって聴覚受信を目的とするものの電波の型式を表示します。

したがって、デジタル信号の単一チャネルのものであって変調のための副搬送波を使用する周波数変調の聴覚受信を目的とする電信の電波の型式は、「F2A」の記号で表示します。

⑥ 「F3E」は、電波の主搬送波の変調の型式が角度変調であって周波数変調、主搬送波を変調する信号の性質がアナログ信号である単一チャネルのものであり、かつ、伝送情報の型式が電話（音響の放送を含む。）の電波の型式を表示します。

したがって、単一チャネルのアナログ信号で周波数変調した電話（音響の放送を含む。）の電波の型式は、「F3E」の記号で表示します。

[3] 空中線電力の表示

① 「空中線電力」とは、尖(せん)頭電力、平均電力、搬送波電力又は規格電力をいう。(施行2条1項68号)

② **表2-2**の上欄の電波の型式の電波を使用するアマチュア局の送信設備のそれぞれの空中線電力は、下欄の空中線電力で表示する。(施行4条の4第1項)

表2-2 空中線電力の表示(抜粋)

電波の型式	A1A	A3E	J3E	F3E
空中線電力の表示	尖(せん)頭電力	平均電力	尖(せん)頭電力	平均電力

[4] 空中線電力の許容偏差

① アマチュア局の送信設備の空中線電力の許容偏差は、使用する電波の周波数に関係なく、上限20%、下限制限なしである。(設備14条1項)

② 50ワットの空中線電力が指定されているアマチュア局は、上限は60ワットですが、下限は40ワットでも35ワットでもよいわけです。

[5] 送信装置の周波数の安定のための条件

送信装置の周波数をその許容偏差内に維持するため、発振回路の方式は、できる限り外囲の温度若しくは湿度の変化によって影響を受けないものでなければならない。(設備15条2項)

[6] 通信速度

アマチュア局の手送り電鍵(けん)操作による送信装置は、通常使用する通信速度でできる限り安定に動作するものでなければならない。(設備17条3項)

[7] 送信装置の秘匿に関する条件

アマチュア局の送信装置は、通信に秘匿性を与える機能を有してはならない。(設備18条2項)

秘匿とは、隠しておくことをいい、具体的には秘話装置などの機能です。

[8] 周波数測定装置を備え付けなくてよい送信設備

次の送信設備は、電波法に定める周波数測定装置の備え付けを要しない。(施行11条の3)

「アマチュア局の送信設備であって、当該設備から発射される電波の特性周波数を0.025パーセント以内の誤差で測定することにより、その電波の占有する周波数帯幅が、当該無線局が動作することを許される周波数帯内にあることを確認することができる装置を備え付けているもの」

無線従事者

[1] 第3級アマチュア無線技士の無線設備の操作の範囲

第3級アマチュア無線技士は、アマチュア局の空中線電力50ワット以下の無線設備で18メガヘルツ以上又は8メガヘルツ以下の周波数の電波を使用するものの操作を行うことができるものとする。(施行令3条3項)

[2] 無線従事者免許証の携帯

無線従事者は、その業務に従事しているときは、免許証を携帯していなければならない。(施行38条8項)

[3] 免許証の再交付

無線従事者は、氏名に変更を生じたとき又は免許証を汚し、破り若しくは失ったために免許証の再交付を受けようとするときは、所定の様式の申請書に次に掲げる書類を添えて総務大臣又は総合通信局長(沖縄総合通信事務所長を含む。)に提出しなければならない。(従事者50条)

① 免許証(免許証を失った場合を除く。)
② 写真1枚
③ 氏名の変更の事実を証する書類(氏名に変更を生じたときに限る。)

[4] 免許証の返納

無線従事者は、免許の取り消しの処分を受けたときは、その処分を受けた日から10日以内にその免許証を総務大臣又は総合通信局長（沖縄総合通信事務所長を含む。）に返納しなければならない。免許証の再交付を受けた後失った免許証を発見したときも同様とする。（従事者51条1項）

運　　用

[1] 目的外通信

アマチュア局がその免許状に記載された目的又は通信の相手方若しくは通信事項の範囲を超えて運用できる通信は、次のもの(抜すい)である。(法52条)

(1) 非常通信
(2) 放送の受信
(3) その他総務省令で定める通信

[2] 免許状の記載事項の遵守

無線局を運用する場合においては、遭難通信を行う場合を除き、無線設備の設置場所、識別信号(呼出符号、呼出名称等をいう。)、電波の型式及び周波数は、免許状等に記載されたところによらなければならない。(法53条)

[3] 無線局を運用するときの空中線電力

無線局を運用する場合において、遭難通信を行う場合を除き、空中線電力は、免許状等に記載されたものの範囲内で通信を行うために必要最小のものでなければならない。(法54条)

Keyword **無線局を運用する場合…免許状等 / 電力は最小**

[4] 暗語の使用の禁止

アマチュア局の行う通信に使用してはならない用語は、暗語

である。(法58条)

[5] 無線通信の秘密の保護

① 何人も法律に別段の定めがある場合を除くほか、特定の相手方に対して行われる無線通信を傍受してその存在若しくは内容を漏らし、又はこれを窃用(せつよう)してはならない。(法59条)

② 窃用とは、こっそり無断で使うことです。

[6] 無線通信の原則(抜すい)

① 無線通信に使用する用語は、できる限り簡潔でなければならない。(運用10条2項)

② 無線通信を行うとき、自局の識別符号(呼出符号、呼出名称等をいう。)を付して、その出所を明らかにしなければならない。(運用10条3項)

③ 無線通信は、正確に行うものとし、通信上の誤りを知ったときは、直ちに訂正しなければならない。(運用10条4項)

[7] 業務用語

無線電信による通信(無線電信通信)の業務用語には、次表に定める略符号(略語又は符号)(抜粋)を使用する。(運用13条)

① Q符号

Q符号を問いの意義に使用するときは、Q符号の次に問符を付ける。

Q符号	意　義	
	問い	答え又は通知
QRA	貴局名は、何ですか。	当局名は、…です。
QRK	こちらの信号の明りょう度は、どうですか。	そちらの信号の明りょう度は、 1　悪いです。 2　かなり悪いです。 3　かなり良いです。 4　良いです。 5　非常に良いです。
QRM	こちらの伝送は、混信を受けていますか。	そちらの伝送は、 1　混信を受けていません。 2　少し混信を受けています。 3　かなり混信を受けています。 4　強い混信を受けています。 5　非常に強い混信を受けています。
QRN	そちらは、空電に妨げられていますか。	こちらは、 1　空電に妨げられていません。 2　少し空電に妨げられています。 3　かなり空電に妨げられています。 4　強い空電に妨げられています。 5　非常に強い空電に妨げられています。
QRU	そちらは、こちらへ伝送するものがありますか。	こちらは、そちらへ伝送するものはありません。
QRZ	誰かこちらを呼んでいますか。	そちらは、…から呼ばれています。

QSA	こちらの信号の強さは、どうですか。	そちらの信号の強さは、 1　ほとんど感じません。 2　弱いです。 3　かなり強いです。 4　強いです。 5　非常に強いです。
QSL	そちらは、受信証を送ることができますか。	こちらは、受信証を送ります。
QSK	そちらは、そちらの信号の間に、こちらを聞くことができますか。できるとすれば、こちらは、そちらの伝送を中断してもよろしいですか。	こちらは、こちらの信号の間に、そちらを聞くことができます。こちらの伝送を中断してよろしい。
QSU	こちらは、この周波数で送信又は応答しましょうか。	その周波数で送信又は応答してください。
QSV	こちらは、調整のために、この周波数でVの連続を送信しましょうか。	調整のために、その周波数でVの連続を送信してください。
QSW	そちらは、この周波数で送信してくれませんか。	こちらは、この周波数で送信しましょう。

② その他の略符号

文字の上に線を付した略符号は、その全部を1符号として送信するモールス符号とする。

略符号	意　義
$\overline{AR}$	送信の終了符号
$\overline{AS}$	送信の待機を要求する符号
CQ	各局あて一般呼出し
DE	…から(呼出局の呼出符号又は他の識別表示に前置して使用する。)

EX	機器の調整又は実験のため調整符号を発射するときに使用する。
$\overline{\mathrm{HH}}$	欧文通信の訂正符号
K	送信してください。
NIL	こちらは、そちらに送信するものがありません。
OK	こちらは、同意します(又はよろしい。)。
R	受信しました。
RPT	反復してください(又はこちらは、反復します。)。(または…を反復してください。)。
$\overline{\mathrm{SN}}$	和文通報の終了又は訂正
TU	ありがとう。
$\overline{\mathrm{VA}}$	通信の完了符号
VVV	調整符号
$\overline{\mathrm{OSO}}$	非常符号

[8] 発射前の措置

① 無線局は、相手局を呼び出そうとするときは、電波を発射する前に、受信機を最良の感度に調整し、自局の発射しようとする電波の周波数その他必要と認める周波数によって聴守し、他の通信に混信を与えないことを確かめなければならない。ただし、遭難通信、緊急通信、安全通信及び非常の場合の無線通信等を行う場合は、この限りでない。(運用19条の2第1項)

② 無線局は、相手局を呼び出そうとするとき、他の通信に混信を与えるおそれがあるときは、その通信が終了した後でなければ呼出しをしてはならない。(運用19条の2第2項)

[9] 呼出し

① アマチュア局がモールス無線通信により相手局(1局)を呼び出す場合は、次の事項を順次送信するものとする。(運用20条1項)

(1) 相手局の呼出符号　　3回以下
(2) DE　　1回
(3) 自局の呼出符号　　3回以下

② ①の(1)～(3)の事項を「呼出事項」という。(運用20条1項)

[10] 一括呼出し

アマチュア局がモールス無線通信により免許状に記載された通信の相手方である無線局を一括して呼び出す場合は、次の事項を順次送信するものとする。(運用127条)

(1) CQ　　3回
(2) DE　　1回
(3) 自局の呼出符号　　3回以下
(4) K　　1回

[11] 呼出しの簡易化

空中線電力50ワット以下の無線設備を使用して呼出しを行う場合において、確実に連絡の設定ができると認められるときの呼出しは、「相手局の呼出符号　3回以下」によることができる。(運用126条の2第1項)

[12] 呼出しの再開

アマチュア局の呼出しを反復しても応答がない場合、呼出しを再開するには、できる限り、少なくとも3分間の間隔をおかなければならない。(運用21条1項)

[13] 呼出しの中止

無線局は、自局の呼出しが他のすでに行われている通信に混信を与える旨の通知を受けたときは、直ちにその呼出しを中止しなければならない。(運用22条1項)

[14] 応　答

① アマチュア局がモールス無線通信により応答する場合は、次の事項を順次送信するものとする。(運用23条2項)

(1) 相手局の呼出符号　　3回以下
(2) DE　　1回
(3) 自局の呼出符号　　1回

② ①の(1)～(3)の事項を「応答事項」という。(運用23条2項)

[15] 応答の簡易化

空中線電力50ワット以下の無線設備を使用して応答を行う場合において、確実に連絡の設定ができると認められるときの応答は、次の事項を順次送信するものとする。(運用126条の2第1項)

(1) DE　　1回
(2) 自局の呼出符号　　1回

[16] 応答に際し通報を受信しようとするとき

① モールス無線通信において、応答に際して直ちに通報を受信しようとするときは、応答事項の次に「K」を送信するものとする。(運用23条3項)

② モールス無線通信において、応答に際し、直ちに通報を受信することができない事由があるときは、応答事項の次に「「$\overline{\mathrm{AS}}$」及び分で表す概略の待つべき時間」を送信するものとする。(運用23条3項)

③ モールス無線通信において、応答に際し10分以上たたなければ通報を受信することができない事由があるときは、応答事項の次に「「$\overline{\mathrm{AS}}$」、分で表す待つべき時間及びその理由」を送信しなければならない。(運用23条3項)

[17] 不確実な呼出しに対する応答

① 無線局は、自局に対する呼出しであることが確実でない呼出しを受信したときは、その呼出しが反復され、かつ、自局に対する呼出しであることが確実に判明するまで応答してはならない。(運用26条1項)

② モールス無線通信による自局に対する呼出しを受信した場合において、呼出局の呼出符号が不確実であるときは、応答事項のうち相手局の呼出符号の代わりに「QRZ?」を使用して、直ちに応答しなければならない。(運用26条2項)

[18] 欧文の通報の送信を終わるときの略符号

モールス無線通信において、欧文の通報の送信を終わるとき

は、「$\overline{\mathrm{AR}}$」を使用するものとする。(運用29条3項)

[19] 長時間の送信

アマチュア局のモールス無線通信において長時間継続して通報を送信するときは、10分ごとを標準として適当に「DE」及び自局の呼出符号を送信しなければならない。(運用30条)

[20] 誤送の訂正

モールス無線通信において、手送りによる欧文の送信中に誤った送信を行ったことを知ったときは、「$\overline{\mathrm{HH}}$」を前置して、正しく送信した適当の語字から更に送信しなければならない。(運用31条)

[21] 送信の終了

モールス無線通信において、通報の送信を終了し、他に送信すべき通報がないことを通知しようとするときは、送信した通報に続いて次に掲げる事項を順次送信するものとする。(運用36条)

1 NIL
2 K

[22] 通信の終了

モールス無線通信において、通信が終了したときは、「$\overline{\mathrm{VA}}$」を送信するものとする。(運用38条)

〔**注意**〕[18]の欧文の通報の送信を終わるときの「$\overline{\mathrm{AR}}$」と、混同しないように。

[23] 疑似空中線回路の使用

無線局は、無線設備の機器の試験又は調整を行うために運用するときは、なるべく疑似空中線回路を使用しなければならない。(法57条第1号)

[24] 試験電波の発射

① 無線局は、モールス無線通信により無線機器の試験又は調整のため電波の発射を必要とするときは、発射する前に自局の発射しようとする電波の周波数及びその他必要と認める周波数によって聴守し、他の無線局の通信に混信を与えないことを確かめた後、次の符号を順次送信し、更に1分間聴守を行い、他の無線局から停止の請求がない場合に限り、「VVV」の連続及び自局の呼出符号1回を送信しなければならない。この場合において、「VVV」の連続及び自局の呼出符号の送信は、10秒間をこえてはならない。(運用39条1項)

(1) EX 3回

(2) DE 1回

(3) 自局の呼出符号 3回

② 無線局は、自局の呼出しが他の既に行われている通信に混信を与える旨の通知を受けたときは、直ちにその呼出しを中止しなければならない。無線設備の機器の試験又は調整のための電波の発射についても同様とする。(運用22条)

[25] 試験電波発射中の注意

無線局は、無線電信機器の試験又は調整中、しばしばその

電波の周波数により聴守を行い、他の無線局から停止の要求がないかどうかを確かめなければならない。(運用39条2項)

Keyword 聴守は聞くこと。
だから他の無線局からの停止要求がないかどうか

[26] 非常の場合の無線通信における呼出し、応答の方法

非常の場合の無線通信において、モールス無線通信により連絡を設定するための呼出し又は応答は、呼出事項又は応答事項に「$\overline{\text{OSO}}$」を3回前置して行うものとする。(運用131条)

[27] 「$\overline{\text{OSO}}$」を前置した呼出しを受信した場合の措置

「$\overline{\text{OSO}}$」を前置した呼出しを受信した無線局は、応答する場合を除く外、これに混信を与えるおそれのある電波の発射を停止して傍受しなければならない。(運用132条)

[28] 電波の発射の中止

アマチュア局は、自局の発射する電波が他の無線局の運用又は放送の受信に支障を与え若しくは与えるおそれがあるときは、非常の場合の無線通信等を行う場合を除き、すみやかに当該周波数による電波の発射を中止しなければならない。(運用258条)

[29] 禁止する通報

アマチュア局の送信する通報は、他人の依頼によるものであってはならない。(運用259条)

監　　督

[1] 臨時に電波の発射の停止

① 総務大臣は、無線局の発射する電波の質が総務省令で定めるものに適合していないと認められるときは、その無線局に対して臨時に電波の発射の停止を命ずることができる。(法72条1項)

② 電波の質は、送信設備に使用する電波の周波数の偏差及び幅、高調波の強度等である。(法28条)

Keyword 質が悪ければ電波の発射を停止

[2] 臨時検査

① 臨時に電波の発射の停止を命ぜられたときは、臨時検査が行われる。(法73条5項)

② 総務大臣は、電波法の施行を確保するため特に必要がある場合において、その無線局の発射する電波の質又は空中線電力に係る無線設備の事項のみについて検査を行う必要があると認めるときは、その無線局に電波の発射を命じてその発射する電波の質又は空中線電力の(臨時)検査を行うことができる。(法73条6項)

Keyword 臨時検査は電波の質

[3] 無線局の運用の停止等

総務大臣は、免許人が次のいずれか(抜すい)に該当するときは、3箇月以内の期間を定めて無線局の運用の停止を命じ、又は期間を定めて運用許容時間、周波数若しくは空中線電力を制限することができる。(法76条1項)

(1) 電波法に違反したとき。

(2) 電波法に基づく命令に違反したとき。

Keyword 違反したら運用停止

[4] 無線局の免許の取り消し

免許人が不正な手段により無線局の免許を受けたときは、総務大臣から免許を取り消しの処分を受ける。(法76条3項2号)

Keyword 不正は取り消し

[5] 無線従事者の免許の取り消し等

総務大臣は、無線従事者が次のいずれか(抜すい)に該当するときは、その免許が取り消し又は3箇月以内の期間を定めてその業務に従事することを停止することがある。(法79条1項)

(1) 電波法に違反したとき。

(2) 電波法に基づく命令に違反したとき。

(3) 電波法に基づく処分に違反したとき。

(4) 不正な手段により免許を受けたとき。

[6] 報　告

無線局の免許人は、次の場合は、総務省令で定める手続により総務大臣に報告しなければならない。(法80条)

(1) 非常通信を行ったとき。

(2) 電波法に違反して運用した無線局を認めたとき。

(3) 電波法に基づく命令の規定に違反して運用した無線局を認めたとき。

[7] 電波利用料

アマチュア局の免許人は、電波利用料として、無線局の免許の日から起算して30日以内及びその後毎年その免許の日に応当する日（応当する日がない場合は、その翌日。以下「応当日」という。）から起算して30日以内に、その無線局の免許の日又は応当日から始まる各1年の期間について、300円を国に納めなければならない。(法103条の2第1項)

Keyword **電波利用料は 30 日以内**

業務書類

[1] 免許状の備え付け

移動するアマチュア局(人工衛星に開設するものを除く。)の免許状は、その無線設備の常置場所に備え付けておかなければならない。(施行38条3項)

Keyword 免許状は無線設備の常置場所

[2] 免許状の再交付を受けた場合の旧免許状の措置

免許人が免許状を破損したために免許状の再交付を受けたときは、旧免許状は遅滞なく返納しなければならない。(免則23条2項)

[3] 免許状の返納

① 無線局の免許がその効力を失ったときは、免許人であった者は、免許状を1箇月以内に返納しなければならない。(法24条)

② 免許人が無線局を廃止したときは、免許は、その効力を失う。(法23条)

[4] 免許状の訂正

免許人は、免許状に記載した事項に変更を生じたときは、その免許状を総務大臣に提出し、訂正を受けなければならない。(法21条)

通信憲章・条約・無線通信規則

[1]「アマチュア業務」の定義

アマチュア、すなわち、金銭上の利益のためでなく、もっぱら個人的に無線技術に興味をもち、正当に許可された者が行う自己訓練、通信及び技術研究のための無線通信業務。(1.56)

[2] 周波数分配のための世界の三つの地域区分

無線通信規則では周波数分配のため、世界を第一地域(ヨーロッパ、アフリカ)、第二地域(南アメリカ、北アメリカ)及び第三地域(アジア、オセアニア)に区分しているが、日本は第三地域に属している。(5.2～5.9)

[3] アマチュア業務に分配されている周波数帯

無線通信規則の周波数分配表において、アマチュア業務に分配されている5700MHz帯以下の周波数帯は、**表7-1**のとおり。

表7-1　アマチュア業務に分配されている周波数帯(抜粋)

7,000kHz～7,200kHz	144MHz～146MHz
18,068kHz～18,168kHz	430MHz～440MHz
21,000kHz～21,450kHz	1260MHz～1300MHz
28MHz～29.7MHz	2400MHz～2450MHz
50MHz～54MHz	5650MHz～5850MHz

[4] 混信の防止

すべての局は、不要な伝送、過剰な信号の伝送、虚偽の又はまぎらわしい信号の伝送、識別表示のない信号の伝送を禁止する。(15.1)

送信局は、業務を満足に行うため必要な最小限の電力で輻(ふく)射する。(15.2)

[5] 違反の通告

国際電気通信連合憲章、国際電気通信連合条約又は無線通信規則に違反する局を認めた局は、違反を認めた局の属する国の主管庁に報告しなければならない。(15.19)

[6] 局の識別

① 虚偽の又はまぎらわしい識別表示を使用する伝送は、すべて禁止する。(19.2)

② アマチュア業務においては、すべての伝送は、識別信号を伴うものとする。(19.4、19.5)

③ アマチュア局は、その伝送中短い間隔で自局の呼出符号を伝送しなければならない。(25.9)

[7] 国際電気通信連合憲章等の一般規定のアマチュア業務への適用

国際電気通信連合憲章、国際電気通信連合条約及び無線通信規則のすべての一般規定は、アマチュア局に適用する。(25.8)

モールス符号

モールス無線電信による通信（モールス無線電信通信）のうち、モールス無線通信には次のモールス符号を用いなければならない。（運用12条別表第一号）そのうち、

1. 欧文モールス符号及び数字、記号（次ページ図8-2参照）
2. モールス符号の線及び間隔

モールス符号は、点と線で構成され、符号の線及び間隔は次のとおり決められている。（運用別表第一号注一）

① 一線の長さは、三点に等しい［図8-1（a）参照］。
② 一符号を作る各線又は点の間隔は、一点に等しい［図8-1（b）参照］。
③ 二符号の間隔は、三点に等しい［図8-1（c）参照］。
④ 二語の間隔は、七点に等しい［図8-1（d）参照］。

図8-1　モールス符号の構成

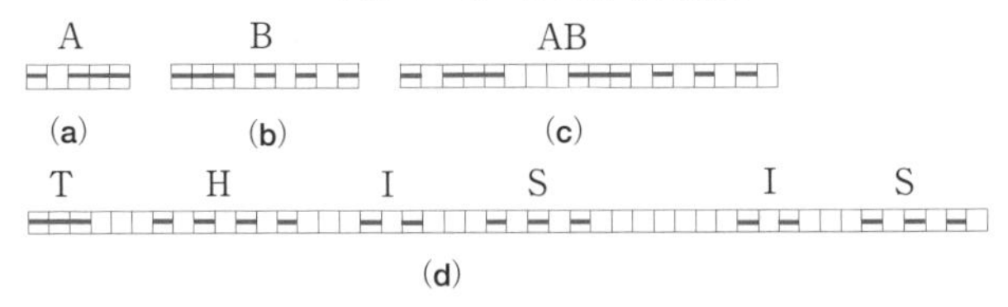

3. モールス符号は音を聴いて文字を想起するものですが、3アマの国家試験では点（Dot）と線（Dash）の組み合わせの書字によるモールス符号を文字に置き換えて出題されます。

図8-2　欧文モールス符号

①　文字

A　- —
B　— - - -
C　— - — -
D　— - -
E　-
F　- - — -
G　— — -
H　- - - -
I　- -
J　- — — —
K　— - —
L　- — - -
M　— —
N　— -
O　— — —
P　- — — -
Q　— — - —
R　- — -
S　- - -
T　—
U　- - —
V　- - - —
W　- — —
X　— - - —
Y　— - — —
Z　— — - -

②　数字

1　- — — — —
2　- - — — —
3　- - - — —
4　- - - - —
5　- - - - -
6　— - - - -
7　— — - - -
8　— — — - -
9　— — — — -
0　— — — — —

③　記号　(抜粋)

?　問符　- - — — - -

受験された皆様にお願い

本書を使用して勉強され、受験時に本書に記載のありました問題もしくは新問題と思われる出題がありましたら、下記の要領でお知らせいただきますようお願いいたします。来年度版の本書制作の資料とさせていただきます。

● **受験地・受験日**

● **出題に関する記載**

- ジャンル：法規もしくは無線工学
- 各ジャンルのサブタイトル(「電波法の目的・用語の定義など」)と問題番号

解答選択肢記述に本書記載のものと異なる記述がありましたらあわせてお知らせください。

受験後、覚えている範囲でかまいませんので、出題問題1問でもご投稿いただきますようお願いいたします。また、新問題あるいは本書に掲載のない問題がありましたら、その概要をお知らせください。

2023年12月～2024年9月までのご投稿期間の各月10名様に粗品をお送りいたします。

● **郵送等での送り先**

〒112-8619　東京都文京区千石4-29-14

CQ出版社「第3級ハム要点マスター」係

● **電子メールでの送り先**

hamradio@cqpub.co.jp　件名を「第3級ハム要点マスター」としてください。

2024
第3級 ハム国試　要点マスター

2002年9月15日　初版発行
2024年1月1日　2024年版発行

著　者　　魚留　元章
発行人　　櫻田　洋一
発行所　　CQ出版株式会社
〒112-8619 東京都文京区千石4-29-14
電　話　　出版　03-5395-2149
販売　03-5395-2141
振　替　　00100-7-10665
DTP　　西澤 賢一郎
印刷・製本　　三晃印刷（株）

乱丁・落丁本はお取り替えします。
定価は裏表紙に表示してあります。
ISBN978-4-7898-1938-1

編集担当　甕岡 秀年
Printed in Japan